液晶显示器件制造技术

主　编 ◎ 梁桃华

副主编 ◎ 龙绪明　史卫梅　朱清溢

西南交通大学出版社

·成　都·

图书在版编目（CIP）数据

液晶显示器件制造技术 / 梁桃华主编. -- 成都 ：西南交通大学出版社，2023.11
ISBN 978-7-5643-9620-6

Ⅰ. ① 液… Ⅱ. ① 梁… Ⅲ. ① 液晶显示器 - 制造 - 高等职业教育 - 教材 Ⅳ. ① TN141.9

中国国家版本馆 CIP 数据核字（2023）第 226389 号

Yejing Xianshi Qijian Zhizao Jishu
液晶显示器件制造技术

主编 / 梁桃华

组稿编辑 / 李芳芳　李华宇　余崇波
责任编辑 / 余崇波
封面设计 / GT 工作室

西南交通大学出版社出版发行
（四川省成都市金牛区二环路北一段 111 号西南交通大学创新大厦 21 楼　610031）
营销部电话：028-87600564　028-87600533
网址：http://www.xnjdcbs.com
印刷：四川玖艺呈现印刷有限公司

成品尺寸　185 mm × 260 mm
印张　9.5　字数　299 千
版次　2023 年 11 月第 1 版　印次　2023 年 11 月第 1 次

书号　ISBN 978-7-5643-9620-6
定价　45.00 元

课件咨询电话：028-81435775
图书如有印装质量问题　本社负责退换

前言

PREFACE

近年来，液晶显示器件制造技术取得了迅猛发展，被广泛应用于娱乐、工业、军事、交通、教育、航空航天、卫星遥感和医疗等诸多领域。对于液晶显示器发展史的了解与认识，可以从不同角度切入。本书作为理实一体化教材，先理论后实践，分为液晶显示器件概述、液晶显示器件制造工艺和虚拟仿真实训三章。本教材第 1 章主要由四川信息职业技术学院朱清溢编写，第 2 章主要由成都职业技术学院史卫梅编写，第 3 章主要由成都职业技术学院梁桃华编写。在本合页式教材的编写过程中，四川天府新区旷谷教育科技研究院的郑晶翔和苏慧、西南交通大学的龙绪明、长春工业大学的王丽娟老师等都给予了极大的帮助，在此特表感谢。本教材的编写旨在培养一批具有扎实的理论基础、较强的实际动手操作能力，能够满足企业需求的创新型与应用型技术技能人才。

编　者

2023 年 10 月

扫一扫获取数字资源

目录

CONTENTS

第 1 章　液晶显示器件概述

1.1　液晶显示器件的发展

1.1.1　从体验视觉的角度了解平板显示技术的发展

我们知道人体感官获取信息比例为：视觉 60%，听觉 20%，触觉 15%，味觉 3%，嗅觉 2%。如图 1-1 所示，视觉信息占比最大，由此，图像显示成为信息显示最重要的方式。

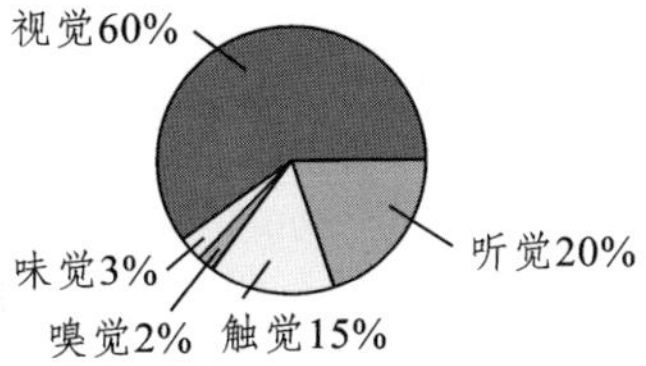

图 1-1　人体感官获取信息比例

电视机在我们生活中是必不可少的生活用品，可以通过观看电视，获取信息，极大地丰富了人们的生活。

1925 年 10 月 2 日，英国发明家约翰 · 洛吉 · 贝尔德在前人研究的基础上终于制造出了世界上第一台有实用价值的电视机。

电视机经过近百年的发展与演变，已发展成更大的屏幕、更清晰的画面、更小的空间占用，这些都是科技发展所带来的结果。

1. 电视画面

最早的电视画面是黑白色的，经过逐步发展，变成了彩色的。第一代彩色电视机是在原有的黑白电视机上面贴一层“彩色贴膜”，让电视机看上去有“色彩”，如图 1-2 和图 1-3 所示。

随着科技的发展，人们生活质量越来越高。电视画面质量越来越清晰。从黑白到彩色，再到现在的 1080 P（高清）电视，甚至是 4K（超高清）电视。1080P 的画面分辨率为 1920×1080，而 4K 电视具有 4096×2160 分辨率的超精细画面。两者的画质具有一定的差异，4K 体验感比 1080P 体验感好，如图 1-4 所示。

图 1-2　黑白电视机

图 1-3　彩色贴膜电视机

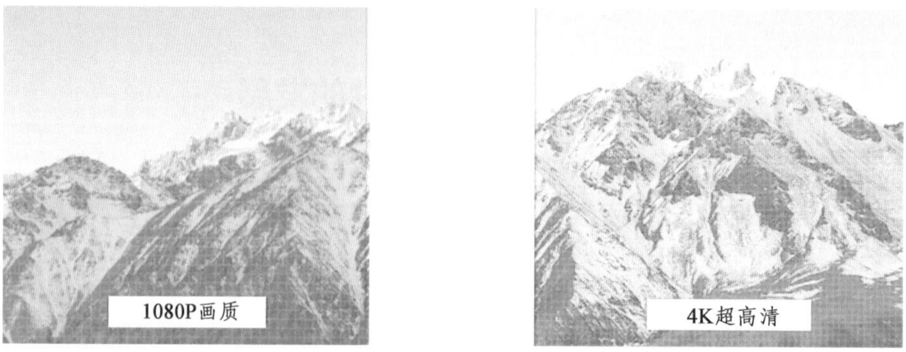

图 1-4　1080 P 与 4K 超高清对比图

2. 电视外观形状

近百年来，电视机的形状变化多种多样，如图 1-5 所示。最早在 20 世纪 20 年代就诞生了机械电视，其形状是一个巨大的外壳，中间有一个小显示屏。早期的电视机体型巨大，到了后期，厚度慢慢变薄，屏幕变大。

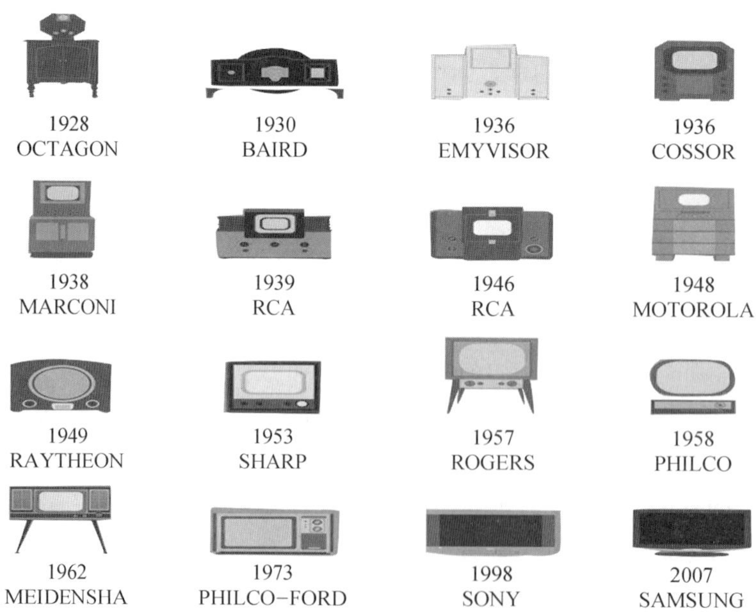

图 1-5　电视机形状变化图

3. 电视价格

早期的黑白电视价格在 300 元左右，当时国企员工月薪为 30 元左右，买一台电视相当于花国企员工一年的收入。现如今电视各种品牌、型号、种类繁多，一般 3000 元左右就可以买一台 65 英寸 4K 超高清电视，体验感更佳。

由此可见，从黑白电视机到 4K 电视机，不仅仅是画面质量的提升，名义价格虽也上涨了 9 倍，如图 1-6 所示，但以前购买电视需要花费大约一年的工资，到现在购买一台电视机仅需要不到一个月薪水。因此，随着时代进步和技术的发展，电视机不再如以前那么珍贵，已走进普通老百姓家庭。

（a）早期 300 元左右电视机　　（b）如今 3000 元左右电视机

图 1-6　电视价格对比图

1.1.2　从技术变化的角度认识平板显示技术的发展

平板显示技术可以划分为四个时代：

① 第一代显示为 CRT 显示（阴极射线管显示）；

② 第二代显示为 LCD 显示（液晶显示）；

③ 新一代显示为 OLED（有机发光二极管显示）显示；

④ 未来显示为柔性显示。

1. CRT 显示

CRT 显示器主要由电子枪、偏转线圈、阴罩、荧光粉层和圆锥形玻壳五大部分组成，如图 1-7 所示。电子枪发射出电子束，用视频信号调制电子束流，用电子透镜的聚集系统来汇聚电子束，在荧光屏上将电子束聚焦；经聚焦、调控的电子光束打在荧光粉上时便会产生亮点；通过控制电子束的方向和强度可产生不同的颜色与亮度。当显示器接收到由计算机显示卡或由电视信号发射器所传出来的图像信号时，电子枪会从屏幕的左上角开始向右方扫描，然后由上至下依次扫描，如此反复地扫描即可构成人们所看到的影像。

CRT 优点具有以下优点：

① CRT 速度基本没有延迟；

② CRT 色域宽，颜色响应准确；

③ CRT 色彩好，拥有绝对的优势；

④ CRT 使用寿命长，一般是 5 ~ 10 年。

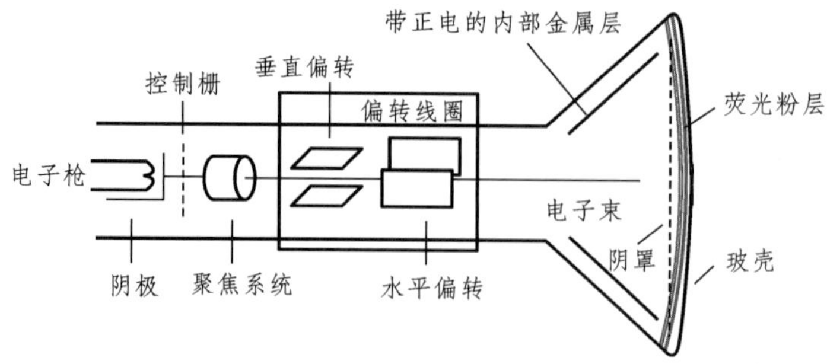

图 1-7 CRT 结构图

CRT 缺点如下：

① CRT 刷新率低于 60 Hz，会有明显的目视闪烁；

② CRT 体积大、质量大、辐射大、耗电量高。

2. LCD 显示

LCD 的构成主要包括：背光模组、偏光片、TFT（薄膜晶体管）阵列、液晶、彩色滤光片、电极等，如图 1-8 所示。

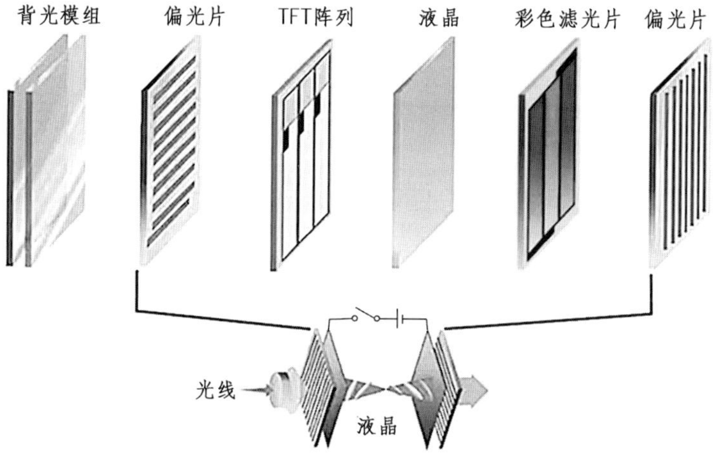

图 1-8 LCD 结构图

LCD 显示原理：LCD 利用外部光源，如背光模组、CCFL（冷阴极荧光灯）、LED（发光二极管）、Mini LED（迷你发光二极管），在外加电场的作用下，液晶偏转改变光的偏振方向，穿过彩色滤光片和偏光片，从而呈现单个像素的颜色。即背光发射的白光→偏光片（自然光转换成偏振光）→液晶层（控制电压大小，来改变液晶偏转方向，从而控制光穿过的“量”）→彩色滤光片（获得彩色光）。

LCD 液晶显示屏的优点：

① 画质较精细；

② 液晶显示器可视面积大；

③ LCD 辐射指标比 CRT 低一些；

④ LCD 不会因供电不足导致画面色彩失真；

⑤ LCD 是通过灯发光的，相对于 OLED，长时间观看眼睛不容易发酸。

LCD 液晶显示屏的缺点：

① 使用寿命有限；

② 液晶屏幕容易出现“坏点”；

③ 亮度和对比度的显示不是特别的好；

④ 在计算机屏幕上使用时容易产生影响拖尾的情况。

3. OLED 显示

如图 1-9 所示，OLED 结构可分成基板、阳极、空穴传输层、发光层、电子传输层和阴极。

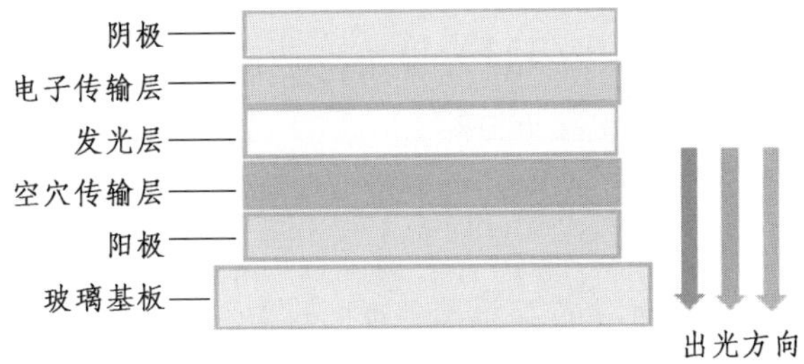

图 1-9　OLED 结构图

（1）基板——基板是透明的，其材质通常为塑料、玻璃、金属箔。

（2）阳极——阳极也是透明的，其材质通常采用氧化铟锡（ITO）。

（3）空穴传输层——该层主要负责传输来自阳极的空穴，通常是有机材料。

（4）发光层——该层同样采用有机材料，OLED 发光的物理过程主要发生在这一层。

（5）电子传输层——该层的主要作用是传输来自阴极注入的电子，同样采用有机材料。

（6）阴极——阴极的主要作用是注入电子，其是否透明是由 OLED 器件结构所决定的。常用的阴极材料有铝、银、金和铜合金等，通常根据 OLED 类型确定使用哪种阴极材料。

OLED 是一种双注入电流型发光器件，一般认为其电致发光过程如图 1-10 所示，主要分为以下四个步骤：① 载流子的注入；② 载流子的传输；③ 载流子的复合与激子的形成；④ 激子的产生、衰减与辐射发光。即当阴极和阳极间施加电压时，将分别产生电子和空穴两种载流子，电子和空穴在电场的作用下分别经由电子传输层和空穴传输层注入到发光层，并在发光层某一区域复合形成激子，激子复合退激发产生光子，因而发出可见光。

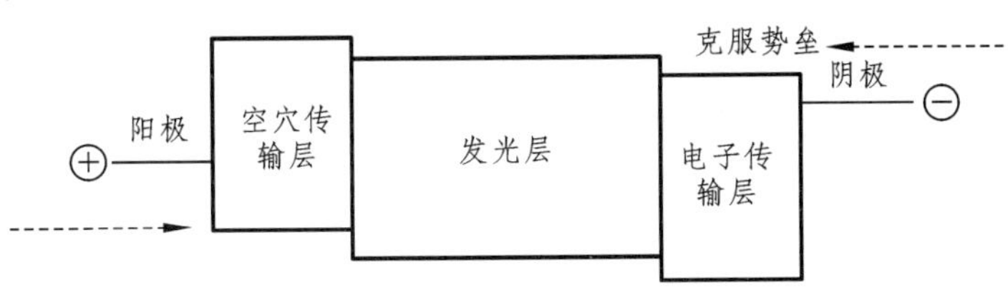

（a）电荷注入

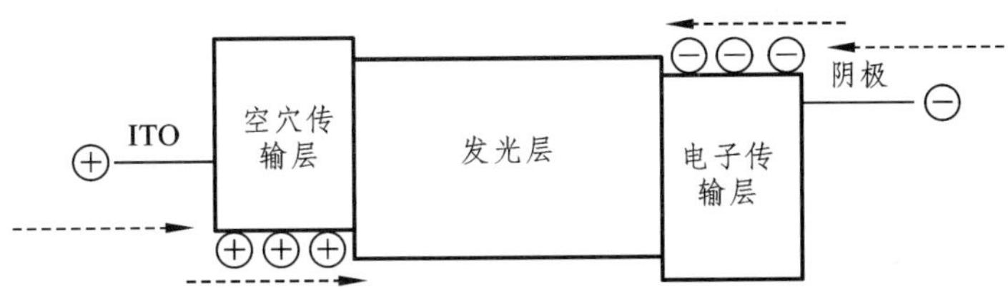

（b）电荷传输

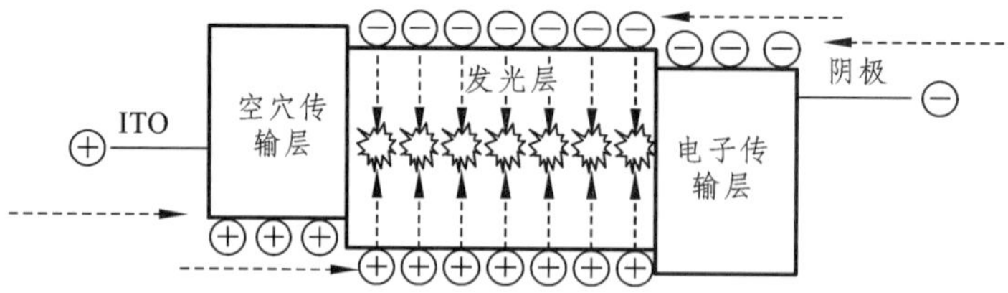

（c）激子产生、衰减与发光

图 1-10　OLED 发光过程示意图

OLED 具有以下优点：

（1）色域宽：OLED 显示屏具有超宽的显示色域，可以实现近 100%的色彩还原，显示图像的色彩表现更加饱和逼真，更接近自然。

（2）视角广：OLED 面板上下左右的可视角度均可超过 178°，使用者从任何角度看都不会发现色彩失真。

（3）对比度高：OLED 显示屏在显示黑色画面时无须点亮显示像素，可以为全黑状态，因此在对比度方面拥有天然优势，可以达到 100 000：1 的数量级。

（4）响应速度快：OLED 显示由 TFT（薄膜晶体管）直接驱动像素中的有机发光层发光，其响应速度仅受到 TFT 自身的开关响应速度限制，因此响应速度快。

（5）更加轻薄并可实现柔性：OLED 是通过自发光实现显示的，不需要额外的背光模组，所以显示屏可以薄至 2 ~ 3 mm。

OLED 的缺点如下：

（1）色衰、烙印：因 OLED 的材质限制，像素点有寿命限制，用久了屏幕容易产生颜色偏移、色衰、烙印的痕迹。

（2）视觉疲劳：OLED 的调光方式，导致可能出现闪屏的现象（闪屏指的是屏幕以低频率闪烁，虽然视觉上看不出闪烁，但看久了可能会产生视觉疲劳现象）。

（3）成本高：目前 OLED 制作难度及材料成本较 LCD 高，虽然市场占有率逐渐提升，但仍未完全取代 LCD 屏幕。

4. 柔性显示

柔性显示器是由柔软的材料制成，是一种可变形可弯曲的显示装置。其厚度像纸一样薄，即使切掉电源，内容也不会消失，因此也被称为**“电子纸”**。它使用了 PHOLED（磷光性有机发光二极管）技术，具有低功耗，直接可视的特征。

柔性 OLED 的优点：

（1）低功耗：其电子屏幕只有被启用时才会消耗电力，比传统屏幕节省电 30%以上。

（2）防水性强：柔性屏的防水等级为 IP68，可以全部入水，具有极强的防水性能。

（3）体积小，轻便：柔性屏的屏体厚度仅为 10 mm，而传统屏厚度为 150 mm 左右。

柔性 OLED 的缺点：

（1）划痕：柔性屏幕使用过程中存在划痕问题。

（2）容易误触：在使用手机柔性屏幕时会容易误触。

1.2　液晶显示器件的分类

1.2.1　按工作原理分类

1. 电场效应型

（1）TN（Twisted Nematic，扭曲向列型）：是最基本的液晶显示类型之一，通过液晶分子的扭曲排列来实现显示效果。

（2）STN（Super Twisted Nematic，超扭曲向列型）：在 TN 的基础上增大了扭曲角，提高了对比度，但响应速度较慢。

（3）GH（Guest-Host，宾主型）：通过在液晶中加入染料分子，利用染料对光的吸收和散射特性来实现显示效果。

（4）PC（Phase Change，相变型）、ECB（Electrically Controlled Birefringence，电控双折射型）、FLC（Ferroelectric Liquid Crystal，铁电液晶型）、PDLC（Polymer Dispersed Liquid Crystal，聚合物分散液晶型）等也是基于电场效应的不同实现方式。

2. 电流效应型

DS（Dynamic Scattering，动态散射型）：利用液晶分子在电场作用下发生的动态散射现象来显示图像，但已较少使用。

3. 热光效应型

热光效应型包括激光写入型和胆热变色型，通过加热液晶来改变其光学性质，实现显示效果。这类显示器在特定领域有应用，但不如电场效应型应用广泛。

4. 电热效应型

电热效应型利用电极加热使液晶状态发生变化，具有存储性，适用于某些特殊需求的显示场合。

1.2.2　按显示方式分类

（1）反射式：利用外界光线照射液晶显示器件，通过液晶调制后反射出图像。这种方式适用于光线充足的环境，无须背光源，功耗较低。

（2）透射式：需要背光源提供光线，通过液晶调制后透出图像。这是目前应用最广泛的液晶显示方式，适用于各种光线条件。

（3）投影式：液晶显示器件在投影仪中起灯片的作用，对投射光源进行调制，形成放大的图像。这种方式特别适用于大屏幕显示。

1.2.3　按驱动方式分类

（1）无源矩阵（Passive Matrix，PM）：如 STN-LCD 等，通过行电极和列电极的交叉点来控制每个像素的显示状态，结构简单但响应速度较慢。

（2）有源矩阵（Active Matrix，AM）：如 TFT-LCD（Thin Film Transistor Liquid Crystal Display，薄膜晶体管液晶显示）等，在每个像素点处设置薄膜晶体管作为开关元件，独立控制每个像素的显示状态，响应速度快且画质优良。

1.3 液晶显示器件的原理

1.3.1 LCD 屏的像素

传统的 LCD 使用 RGB 标准排列，像素是由图像的小方格组成的，是计算机屏幕上所能显示的最小单位。这些小方块都有一个明确的位置和被分配的色彩数值，小方格颜色和位置决定了该图像所呈现出来的样子。由不同像素点组成的图像如图 1-11 所示。

图 1-11 像素小方格

很多显示器和图像获取系统出于不同原因无法显示或感知同一点的不同色彩通道。这个问题通常可通过多个子像素的办法解决，每个子像素处理一个色彩通道。一般的液晶面板上每个像素由红绿蓝（RGB）三原色组成，每个像素上的每种颜色叫一个“子像素”。多数 LED 显示器将每个像素分解为 4 个子像素；一个红（R），两个绿（G）和一个蓝（B），如图 1-12 所示。多数数码相机传感器也采用子像素，通过有色滤波器实现。但 CRT 显示器也采用红绿蓝荧光点，但是它们和图像像素并不对齐，因此不能称为子像素。

（a）LCD 屏　　（b）LED 屏

图 1-12 LCD 屏的子像素和 LED 屏的子像素

1.3.2 LCD 屏的原理

1. LCD 液晶屏结构

LCD 在结构上主要由背光源、水平偏光片、透明电极（控制电路）、液晶、彩色滤光片、垂直偏光片所构成，如图 1-13 所示。

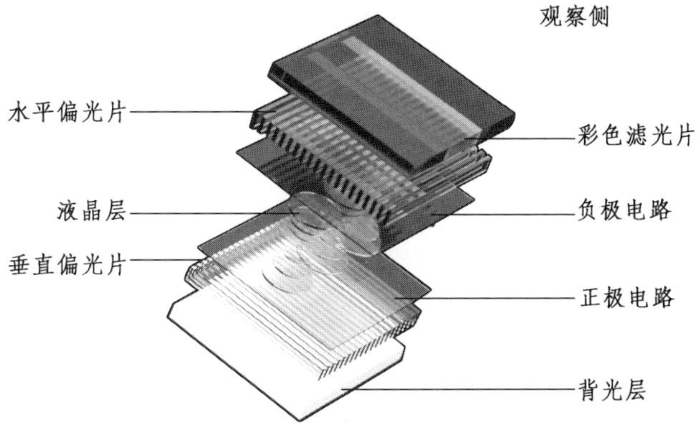

图 1-13 液晶屏的构成

2. 单色液晶的显示原理

单色液晶显示器如图 1-14 所示，一般选用 TN（扭曲向列型）液晶。其工作原理为：在玻璃的表面先镀有一层透明导电薄膜 ITO 作为电极，然后在有薄膜电极的玻璃上涂取向层聚酰亚胺，以使夹在两片玻璃中间的向列型液晶顺着一个特定且平行于玻璃表面的方向排列。液晶的自然状态具有 90°的扭曲，利用电场可使液晶分子旋转，而液晶的双折射率随液晶的方向而改变，影响的结果是偏振光经过 TN 型液晶后偏振方向发生转动。只要选择适当的厚度使偏振光的偏振方向刚好改变 90°，就可利用两个平行偏光片使得光完全不能通过；而足够大的电压又可以使得液晶方向与电场方向平行，这样光的偏振方向就不会改变，光就可通过第二个偏光片，于是就可控制光的明暗了。

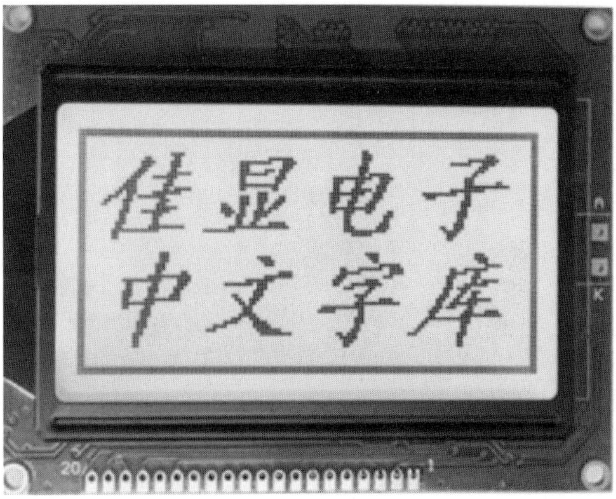

图 1-14 单色液晶显示器

3. 彩色液晶的显示原理

彩色液晶显示器一般用 TFT（薄膜晶体管）驱动，其每一个像素至少分成 3 个子像素。由于每一个像素都由三个液晶单元格（子像素）构成，且每一个单元格前面都分别有红色，绿色，或蓝色的过滤器，这样，通过不同单元格的光线就可以在屏幕上显示出不同的颜色。其工作原理为：在玻璃基片上沉积一层硅，通过印刷、光刻等工序做成晶体管阵列，且每个像素都设有一个半导体开关，其加工工艺类似于大规模集成电路；再把液晶灌注在两片玻璃之间，由于每个像素都可以通过点脉冲直接控制，因而每个节点都相对独立，并可以进行连续控制。这样的设计不仅提高了显示屏的反应速度，同时可以精确控制显示灰度，所以 TFT 液晶的色彩更逼真，称为真彩。

4. 液晶电视显色步骤

液晶电视通过以下 6 个步骤可得到想要的颜色：

（1）液晶显示器的背光光线通过液晶分子到达人眼内部，投射在视网膜上形成影像。

（2）通过电压的不同，控制液晶分子的状态发生变化，实现屏幕上不同区域显示不同的内容。此时不考虑滤光片的影响，可以实现从黑到白之间多种灰阶的显示。

（3）每个像素对应有三个子像素点，每个子像素点对应一个滤光片，三个像素点分别对应了红、绿、蓝三个滤光片。

（4）结合第（2）、（3）步，每个单色子像素下方对应的液晶状态发生变化，实现控制每个像素下三个单色子像素的发光状态，从而控制每个像素的颜色。

（5）上述 4 步，实现整个屏幕上不同区域的颜色控制。

（6）通过不同比例的红、绿、蓝三种颜色的混合就可以得到我们想要的颜色。

第 2 章　液晶显示器件制造工艺

2.1　TFT-LCD 的基本结构和制造工艺的基本流程

2.1.1　TFT-LCD 的基本结构

TFT-LCD 是 Thin Film Transistor Liquid Crystal Display 的简称，即薄膜晶体管有源矩阵液晶显示器，每个像素由一个（或多个）薄膜晶体管开关来控制。薄膜晶体管是一种半导体薄膜制成的绝缘栅场效应晶体管。TFT-LCD 由阵列基板、彩膜基板、液晶屏部分、驱动 IC（Integrated Circuit，集成电器）和周边组件部分，以及背光源组成，其结构如图 2-1 所示。从图中可以看出，TFT-LCD 的结构是典型的“三明治结构”。TFT-LCD 显示的图像清晰、无闪烁、视角宽、响应速度较快，并且能显示几乎任意灰度，加上彩膜后可以实现全彩色显示，用玻璃等透明基板能实现透射式显示，信号传递性能好，显示色调均匀，可以大容量显示。TFT-LCD 主要用于智能手机、笔记本计算机、液晶电视等。

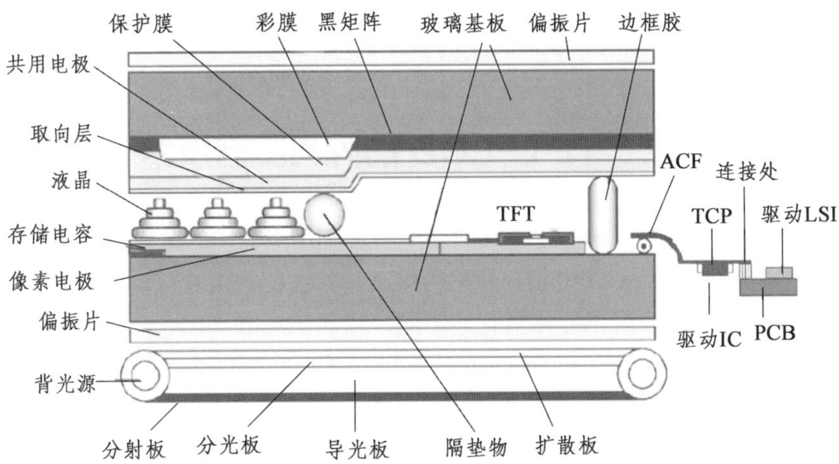

图 2-1　TFT-LCD 的基本结构

TFT-LCD 的组成部件：

（1）背光源：用来给 TFT-LCD 提供光源，是决定显示器亮度的关键部件，由多个特性不同的部件如冷阴极灯管、反射板、分光板、导光板和扩散板等组成。

（2）彩膜基板：TFT-LCD 由两块玻璃基板组成，其中一块玻璃基板是彩膜基板，是有规律整齐排列彩膜和黑矩阵的玻璃基板。彩膜基板上包含彩色膜、黑矩阵、保护膜、ITO 公用电极。

（3）阵列基板：TFT-LCD 的另一块玻璃基板上有规律整齐地排列着薄膜晶体管称为阵列基板。每一个像素都由一个薄膜晶体管、存储电容和像素电极组成。

（4）液晶屏部分：在阵列基板和彩膜基板制作完成后，两块基板要对盒制成液晶屏。在断面结构中可以看到液晶材料、取向层、隔垫物、偏振片。

TFT-LCD 对液晶材料的性能要求更高、更严格。不仅要求液晶材料具有良好的光、热、化学稳定性，高电荷保持率和高电阻率，还要求液晶材料具有低黏度、高稳定性、适当的光学各向异性和阈值电压。

两块玻璃基板表面涂覆的取向层用来控制液晶分子的取向排列。隔垫物用来控制液晶屏的厚度。偏振片用来形成偏振光控制光的透过率。

（5）驱动 IC 和周边组件：随着 TFT-LCD 发展模块工艺不同，连接的模块组件也不同，如采用 TAB（Tape Automated Bonding，窄带驱动 IC 自动绑定）模块工艺。TFT-LCD 周边连接的模块组件主要有驱动 IC、驱动 LSI（Large Scale IC，大规模集成电路）、TCP（Tap Carrier Package，带载封装包）、PCB（Printed Circuit Board，印刷电路板）。TCP 一端通过 ACF（Anisotropic Conductive Film，各向异性导电胶膜）与液晶屏引线电极相连接，另一端采用 ACF 与 PCB 板连接，也可以采用直接焊接。

2.1.2 TFT-LCD 制造工艺的基本流程

根据 TFT-LCD 结构，制备（生产）流程主要分为三步，分别是阵列工艺、制屏工艺和模块工艺。阵列工艺就是在玻璃基板上有规则地排列薄膜晶体管的工艺；制屏工艺是把阵列基板和彩膜基板经过表面处理后，贴合组装、注入液晶材料，并进行封装的工艺；模块工艺是将液晶屏、驱动电路、柔性线路板（FPC）、印刷电路板（PCB）、背光源等组件绑定组装在一起的工艺。

2.2 TFT-LCD 的阵列工艺技术

薄膜晶体管（Thin Film Transistor，TFT）是一种利用半导体的薄膜材料制成的绝缘栅场效应晶体管。TFT 在 TFT-LCD 中起着开关的作用，其性能优劣直接影响 TFT-LCD 图像显示的质量。根据 TFT 有源层半导体材料的不同，当前主流的 TFT 技术可分为氢化非晶硅（a-Si:H）TFT、低温多晶硅（low-temperature poly-Si，LTPS）TFT 和非晶氧化物（AOS）TFT。以 a-Si:H 型 TFT 为例，其结构主要由玻璃基板、栅电极、栅绝缘层、半导体活性层 a-Si，欧姆接触层 N+a-Si、源漏电极及保护膜等组成，其中栅绝缘层和保护膜一般采用 SiN，如图 2-2 所示。

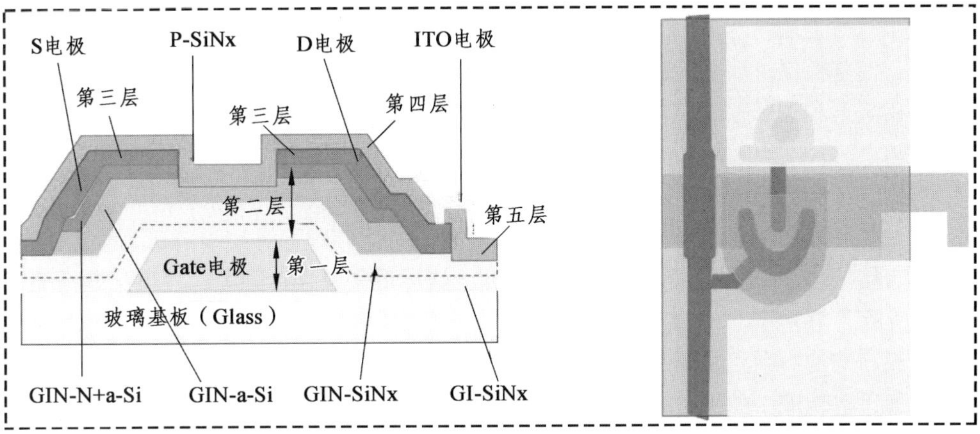

图 2-2　a-Si：H 型 TFT 的基本构造

阵列工艺主要包括玻璃基板上制作薄膜晶体管，投入玻璃基板，完成基板的电气电路制作。基本流程如图 2-3 所示，与半导体制程非常相似，玻璃基板进行清洗后，进入阵列工艺的光刻流程，根据薄膜晶体管的类型不同，分为 4 次光刻、5 次光刻、7 次光刻等，阵列工艺流程示意如图 2-4 所示。

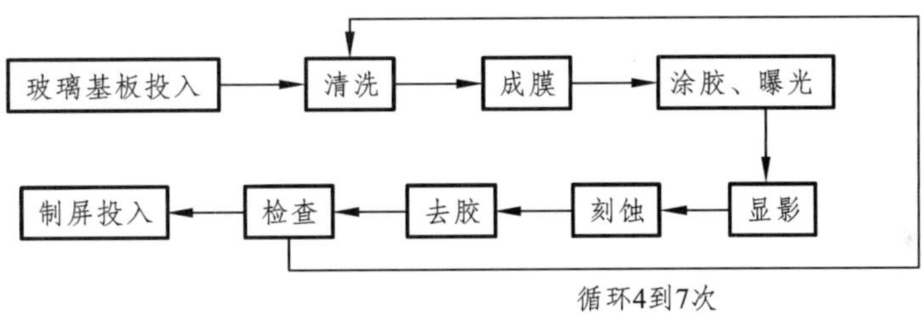

图 2-3　阵列工艺的基本流程

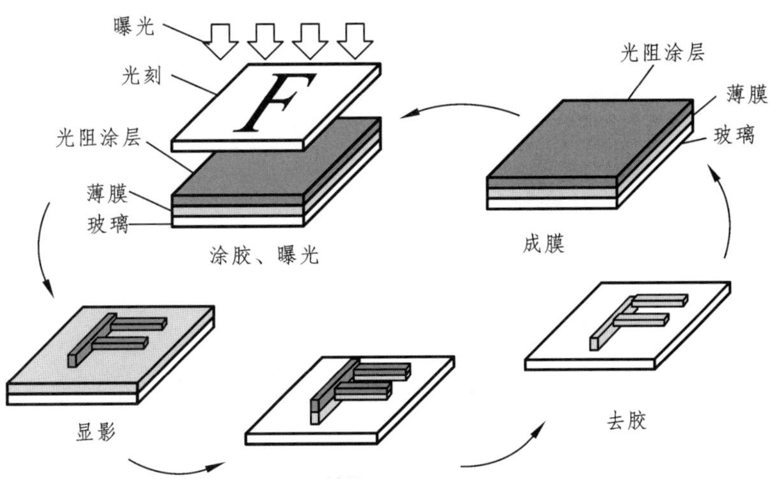

图 2-4　阵列工艺流程示意图

2.2.1 清洗工艺

清洗工艺就是用物理与化学相结合的方法除去玻璃基板表面的灰尘、油污、污染物及自然氧化物，使基板保持清洁的过程。清洗的物理方法包括用毛刷、超声波、臭氧清洗等；化学方法是用洗剂和酸单独或混合进行清洗。清洗步骤一般由刷洗、超声清洗、干燥、腐蚀等过程组成。

（1）刷洗：利用毛刷（一般为圆盘式和滚筒式）在基板表面转动来去除颗粒污染物和有机膜，一般与药液和纯水混合喷射到基板表面使用。考虑到刷毛对某些精细图形的影响，因此刷毛不直接接触，而是利用刷毛带动基板表面的液体冲击基板达到去除颗粒污染物的目的，如图 2-5 所示。

（2）超声清洗：利用共振的原理，使用超声波换能器将功率超声波的声能振动转化为机械振动，通过清洗液中的机械振动，除去表面的顽固颗粒。具体过程为：通过清洗槽壁向槽中清洗液辐射超声波，在基板表面形成具有超声或兆声能量的微小气泡，当微小气泡接触玻璃基板时迅速破裂，会在基板表面形成冲击力，将顽固颗粒打掉。

（3）干燥：是将水洗后基板表面的超纯水去掉。清洗设备的干燥方法很多，有旋转干燥、气刀干燥、IPA 蒸汽干燥。旋转干燥是从中间吹入 N_2，把基板中心的水吹开，然后用离心力的方法把基板表面的水珠甩掉；气刀干燥是用高压空气沿基板行走的方向吹掉基板上的水珠；IPA 蒸汽干燥是用 IPA 蒸汽与基板表面水分进行置换达到干燥的目的。

（4）腐蚀：是一种刻蚀的过程，就是把表面氧化的物质去掉。a-Si:H 在空气中很容易氧化，形成氧化层，会造成半导体与金属接触不良。通常用 LAL-50（$HF:NH_4F:H_2O$）作为刻蚀剂去除 a-Si:H 表面的氧化层。

清洗过程还包括臭氧清洗、高压清洗、紫外线清洗等过程，同学们可自行寻找相关材料阅读学习。

（a）清洗设备

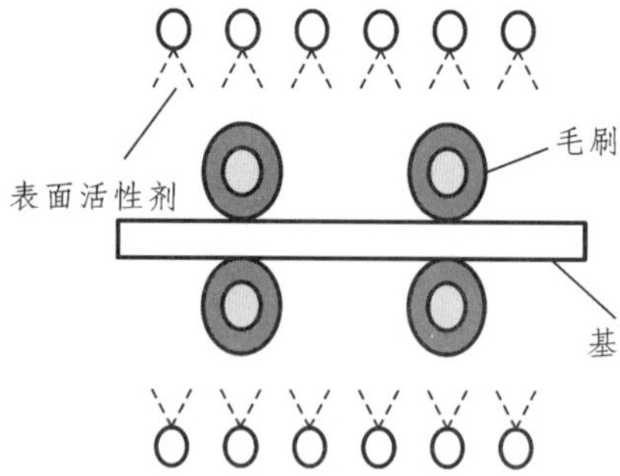

（b）刷洗过程

图 2-5　清洗设备与刷洗过程

2.2.2 成膜方法

成膜就是在清洗后的基板上制作一层或多层薄膜的过程。根据制作薄膜的种类不同，成膜的方法有溅射、化学气相沉积、阳极氧化、蒸镀等方法。目前主流使用的薄膜晶体管为 a-Si:H 型 TFT，而在制备该薄膜晶体管时很少使用阳极氧化和蒸镀方法。

（1）溅射：溅射就是在一定真空条件下，通过外加电、磁场的作用将惰性气体电离，用加速的离子轰击固体表面，离子和固体表面原子交换动量，使固体表面的原子离开固体并沉积在基板表面的过程。被轰击的物体是用溅射薄膜的原材料组成的固体，称为靶材，溅射原理如图 2-6 所示。

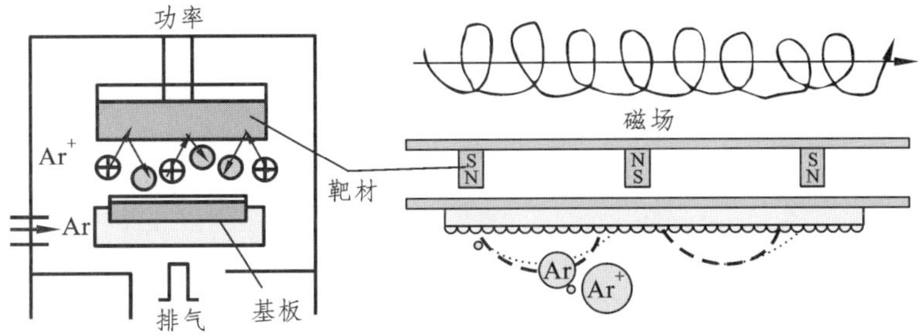

图 2-6　溅射的原理图

在 TFT-LCD 的制备中，普遍采用直流磁控溅射方法进行薄膜制备，主要包括栅线、像素电极、信号线的成膜。图 2-7 所示为磁控溅射设备。

图 2-7　磁控溅射设备

（2）CVD（Chemical Vapor Deposition，化学气相沉积）是在高频电场的作用下，使反应气体电离形成等离子体，反应离子及活性基团依靠从高频电场获得的能量从而能够在较低的温度衬底上成膜。在阵列工艺中，主要使用常压 CVD（Atmospheric Pressure CVD，APCVD）和等离子体增强 CVD（Plasma Enhanced CVD，PECVD）两种。图 2-8 为 PECVD 成膜原理图，PECVD 设备是真空设备，内部由两个平行电极板组成，下电极板为载台，接地且加热，上电极板使用耦合器连接到 13.65 MHz 的射频发生器上。

PECVD 是目前 TFT-LCD 制造工程的核心，是决定 TFT 特性的重要工艺。PECVD 制备半导体薄膜具有一系列优异的特点：① 可以大面积均匀成膜，生长性好，能在较低的温度下形成致密的薄膜；② 可以防止热产生的损伤及相互材料的扩散；③ 可生长需要低温成膜及反应速度慢的薄膜；④ 设备内的平行电极方便实现大面积成膜。

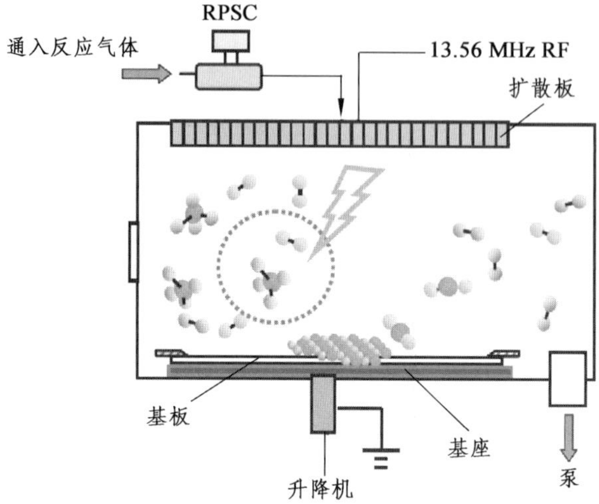

图 2-8　PECVD 成膜原理图

2.2.3　光刻工艺

成膜工艺完成后便进入光刻工艺制备流程。光刻工艺是一种图形复印的精密加工技术，是在阵列制作中利用掩膜版在薄膜上形成光刻胶图形的工艺，主要包括涂胶、曝光、显影等，具体流程如图 2-9 所示。

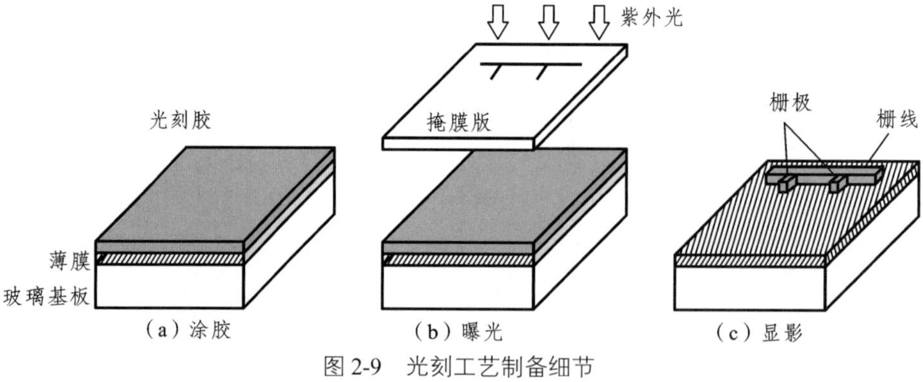

图 2-9　光刻工艺制备细节

（1）涂胶就是在基板的薄膜上面形成一层均匀的光刻胶层的过程。涂胶的方法主要有旋涂（Spin Coating）、刮涂加旋涂（Scrape & Spin Coating）、刮涂（Scrape Coating）三种，图 2-10 为涂胶方法示意图。

随着技术的进步和基板尺寸的大型化，刮涂方式成为目前 TFT-LCD 生产中主要的光刻胶涂布方式。刮涂方式一次扫描就可以在大尺寸基板上涂布一层均匀的光刻胶，不需要基板边缘清洗，提高产能，设备占地面积小，且光刻胶利用率超过 95%，接近 100%。

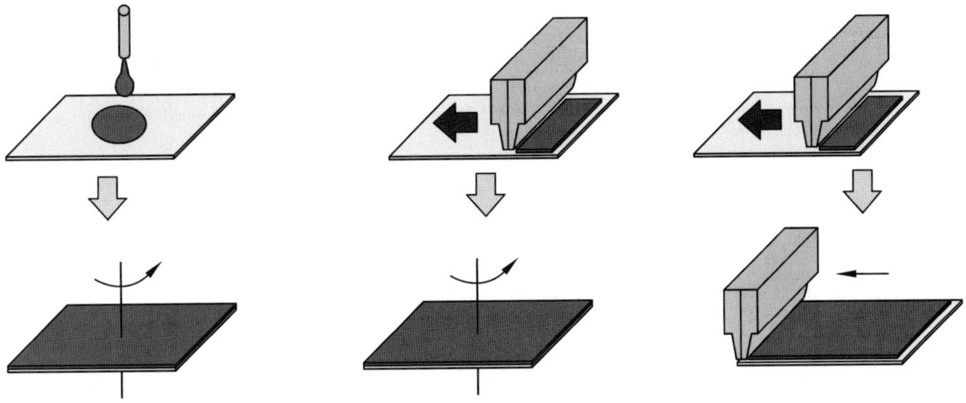

（a）旋涂　　（b）刮涂加旋涂　　（c）刮涂

图 2-10　涂胶方法示意图

（2）曝光是用掩膜版掩膜，采用波长分别为 365 nm、405 nm、436 nm 的紫外线（UV）照射，经紫外光照射的光刻胶被改性，掩膜版上有图形的部分没被紫外光照射即没被改性，使得涂在基板上的光刻胶部分的改性的过程。阵列工艺中，曝光分一次曝光、分步曝光、背面曝光。

（3）显影是用显影液除去经曝光后被改性的光刻胶的过程。显影采用喷淋的方式，使用几个喷管连接多个喷嘴左右摆动，随着基板的行进进行显影。显影液使用的是四甲基氢氧化铵[$(CH_3)_4NOH$]，浓度范围是 2.36% ~ 2.40%。

光刻工艺的质量直接影响器件的性能、成品率和可靠性。要求：① 刻蚀的图形完整、尺寸准确、边缘整齐、线条陡直；② 图形内没有灰尘、无小岛；③ 图形套刻准确、无偏移。

2.2.4　刻　蚀

经过光刻流程后，进入刻蚀阶段。刻蚀就是用适当的刻蚀液或刻蚀气体对没有被光刻胶遮挡的部分进行完整、清晰、准确地去除薄膜的过程。被光刻胶覆盖部分的薄膜完整地保留下来获得所要求的图形。简单说，刻蚀工艺形成了薄膜的图形。

刻蚀方法可分为使用化学药液的湿法刻蚀和使用气体的干法刻蚀两种。干法刻蚀又分为等离子刻蚀（Plasma Etching，PE）、反应性离子刻蚀（Reactor Ion Etching，RIE）、化学干法刻蚀（Chemical Dry Etching，CDE）三种。根据刻蚀的方向性，刻蚀方法可以分为各向同性刻蚀和各向异性刻蚀两种。在刻蚀后，需要把图形上面的光刻胶去掉为去胶。

需要说明的是，在实际制备流程中，在每个工艺步骤之间，都要进行检查和清洗。

2.3　TFT-LCD 的制屏工艺技术

制屏工艺是把阵列基板和彩膜基板经过表面处理后，贴合组装，注入液晶材料，并进行封装的工艺。具体工艺内容如图 2-11 所示。

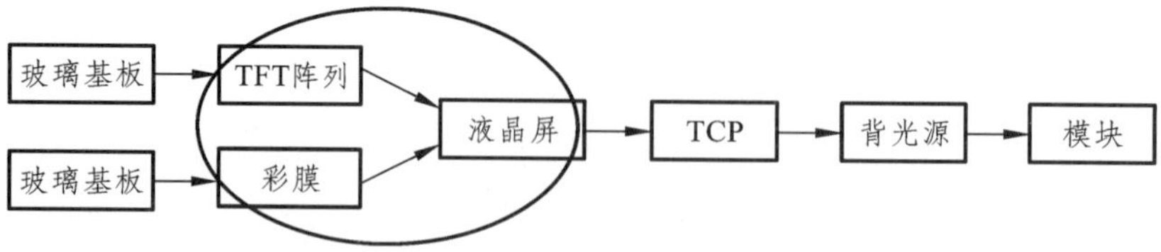

图 2-11　制屏工艺的内容

2.3.1　CF 制程

彩膜基板的制作流程称为 CF（Color Filter）制程，制备内容如图 2-12 所示。彩膜基板主要制备 4 个部件：① 黑色矩阵，采用的材料是 Cr、CrO*x* 及树脂等，其作用主要是分割各颜色层、提高对比度，防止混色和像素间串色，同时起遮光作用，遮挡 TFT 防止光照产生光生电流，引起 TFT 光态电流增大的问题。② 彩色层：利用染料分散法，把染料分散于黏合剂树脂中形成着色树脂；采用红、蓝、绿 3 种染料，光刻成阵列基板像素电极大小，放在阵列基板对面。③ 保护层：保护彩色滤光层以及增加表面的平滑性，此外兼具黑色矩阵与透明电极层的绝缘材，以及隔离液晶与防止污染等作用，一般使用的材质有环氧树脂（Epoxy）系及亚克力树脂（Acrytic）系等高分子材料。④ ITO：液晶显示器的一个电极，与阵列基板的像素电极构成正负极驱动液晶分子旋转。

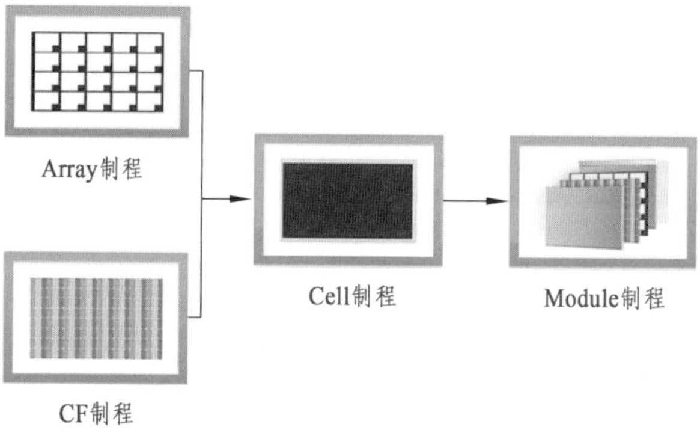

图 2-12　CF 制程示意图

彩膜基板具有类似于玻璃纸的功能，当光线通过时，会根据滤光片的特性出现颜色。如果没有彩膜基板，液晶显示屏只会像黑白电视一样明亮和黑暗。因为显示器需要红（R），绿（G）和蓝（B）三原色来进行混色，并调整其亮度（灰阶）来呈现各种颜色，所以这三个滤色器依次排列在一个像素中。一个彩色滤光片被称为一个子像素，并且这些子像素被组合以表示数百万种不同的颜色，如图 2-13 所示。

彩膜基板从底部的玻璃开始。在它上面，有 BM（黑色矩阵）作为彩色滤光片之间的颜色边界。在 BM 和 BM 之间，按照 RGB 颜色的顺序存在滤色器。在其上，用一个顶涂层（超过涂层）层以使扁平滤色片的高度能够驱动与形成在顶部的 TFT 的液晶的共用电极装置，如图 2-14 所示。

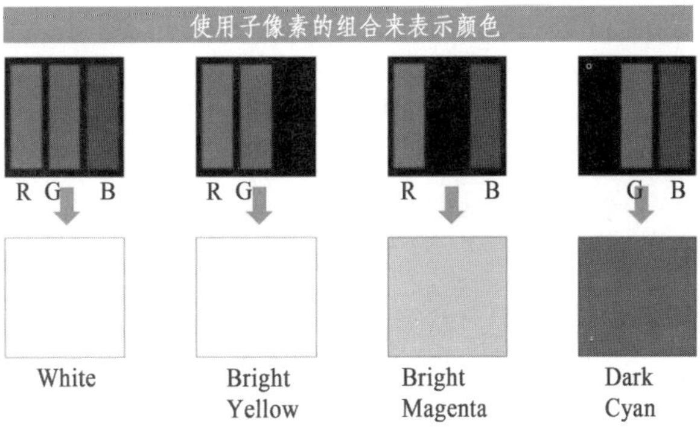

图 2-13　带有彩色滤光片的像素

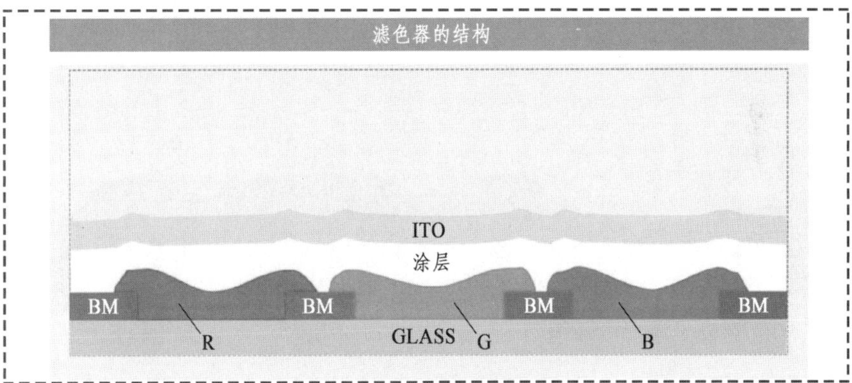

图 2-14　滤色器横截面结构

彩膜基板的制作也使用光阻（PR）法，与制作 TFT 的方法非常相似，所以有曝光、显影和蚀刻工艺，如图 2-15 所示。彩色滤光片工艺的第一步是在玻璃上制作一块 BM。一旦 BM 被创建，表明已确定每个子像素的区域。

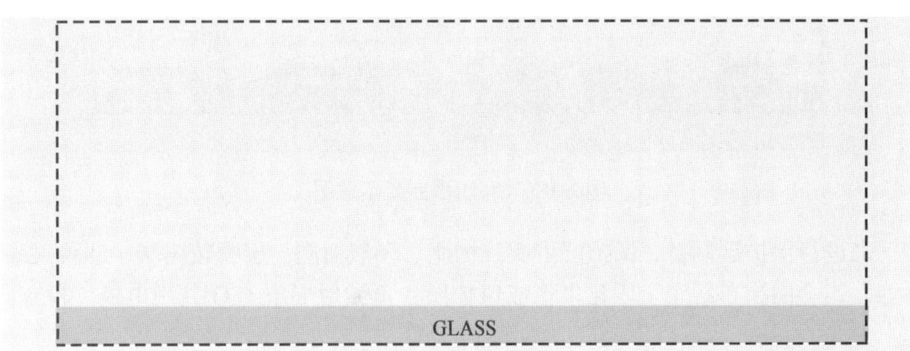

图 2-15　玻璃基板

接下来，将滤色器材料涂覆在每个像素的子像素区域，首先涂布蓝色（B）的亚像素，再涂上光刻胶，用掩模板曝光、显影、刻蚀彩膜层，去胶后形成 B 像素，重复上述过程，分别形成 G 和 R 像素。具体制程如图 2-16、图 2-17 和图 2-18 所示。

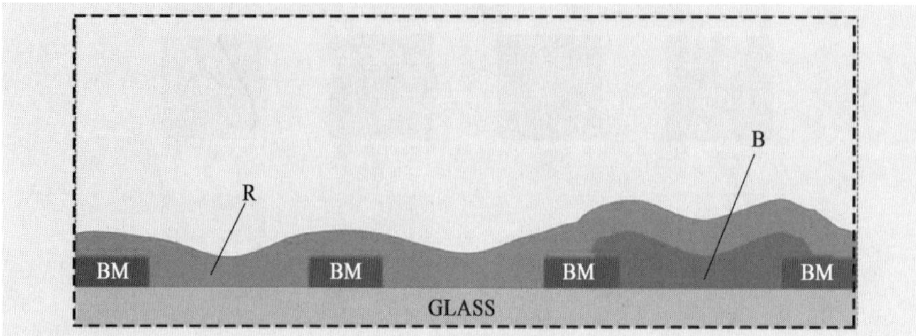

图 2-16　CF 制程中间步-1

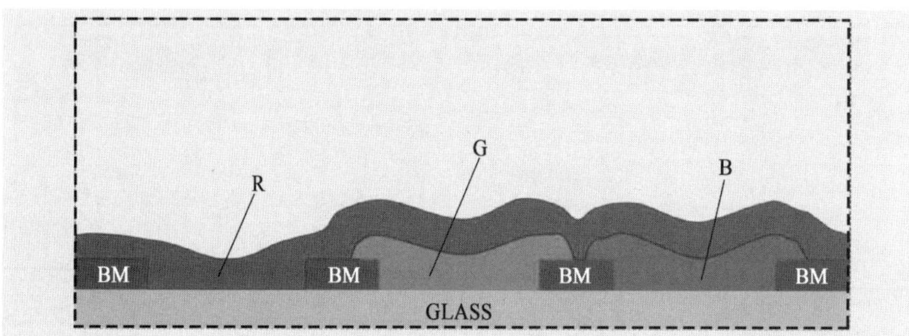

图 2-17　CF 制程中间步-2

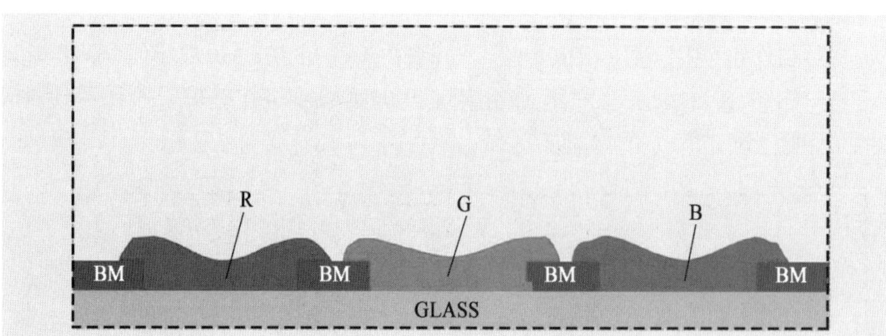

图 2-18　CF 制程完成示意图

接下来进行保护层制备，保护层由明胶树脂、环氧树脂、聚酰胺树脂、硅胶树脂形成，用旋涂等方式全面涂布后完全固化来形成保护层；再溅射形成 ITO 共用电极，检查彩膜基板制作。

2.3.2　Cell 制程

制屏工艺中的 Cell 制程是将阵列基板和彩膜基板经过表面处理后，贴合组装，注入液晶材料，并进行封装的工艺，工艺流程如图 2-19 所示。

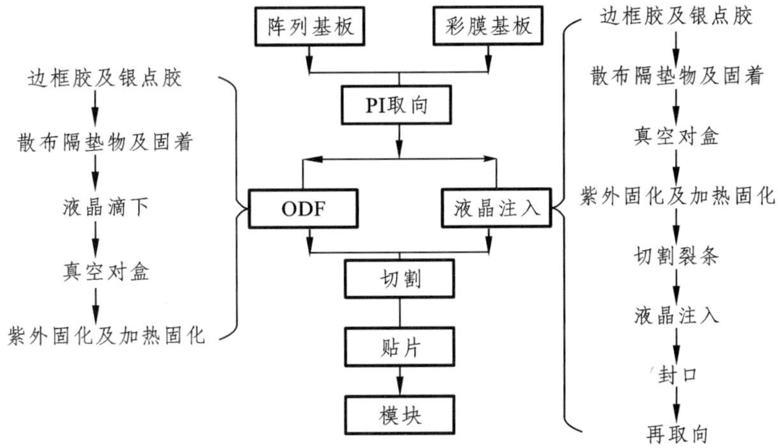

图 2-19　Cell 制程示意图

1. PI 取向工艺

PI 取向主要是在 TFT&CF 基板上涂上一层取向膜，使液晶分子在取向膜上形成一定取向。取向膜可使用聚酰亚胺、聚丙烯酸树脂、聚乙烯醇等，其中聚酰亚胺（Polyimide，PI）是最常用的取向材料。

PI 取向工艺包括 PI 前清洗、PI 印刷、PI 预固化及主固化、摩擦工艺。首先清洗基板，然后在 CF 或者 TFT 玻璃基板之上均匀地形成一层特定图案的 PI 膜，通过固化后形成稳定的取向层，最后经过摩擦使 PI 层具有统一的取向和预倾角，如图 2-20 所示。

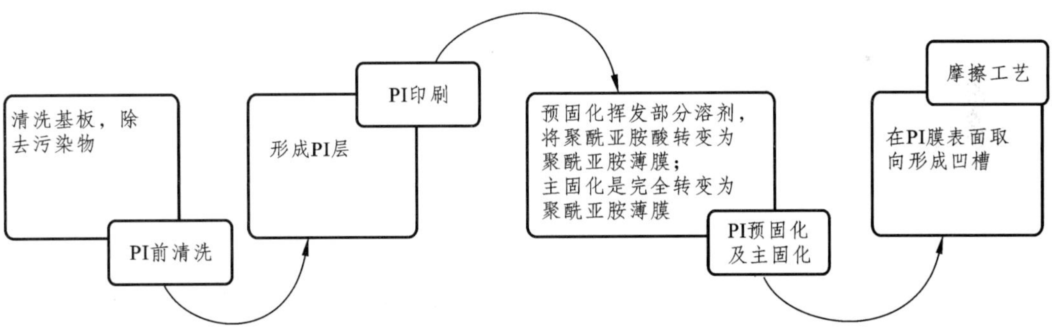

图 2-20　PI 取向的工艺流程

（1）PI 前清洗：是对需要印刷的基板进行清洗，去除污染物，避免对液晶显示器性能造成不良的影响，可以改善玻璃基板表面性能，增加玻璃基板上薄膜与 PI 材料之间的亲和力，使印刷的 PI 膜有良好的附着性，获得良好的印刷效果，同时可保证工艺制作的精度，保证极高的良品率。

PI 前清洗包括 5 个步骤，分别为刷洗、水洗、红外线干燥、紫外照射清洗和冷却。设备结构和工艺过程如图 2-21 所示。

（2）PI 印刷：通过转印的方式在已经清洗好的玻璃基板上涂布出一层良好的取向膜，通过取向材料和液晶分子之间的亲和力，使液晶分子能够沿着摩擦沟槽有序地排列在取向层上。

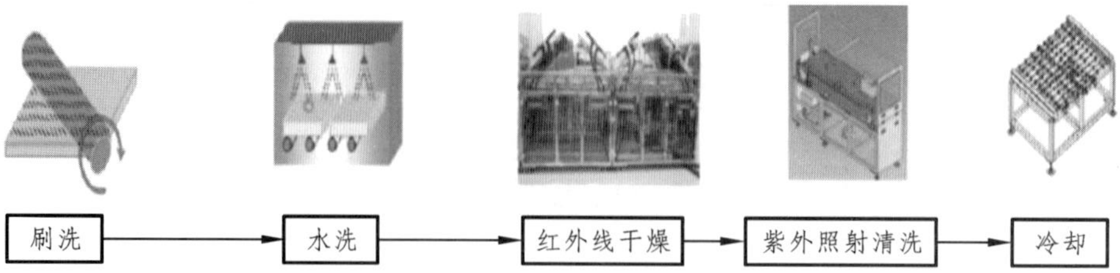

图 2-21　PI 前清洗工艺步骤及设备结构

如图 2-22 所示，PI 印刷过程为：① 注入 PI，就是将 PI 液滴在网纹辊上（网纹辊一般采用陶瓷材质，上面有很多的凹槽）；② PI 展开，就是用刮刀将陶瓷网纹辊上的 PI 液整平，同时通过 APR 版上的凸出物与陶瓷网纹辊挤压，使凹槽内的 PI 液粘到 APR 版上；③ 印刷 PI，通过 APR 版与基板接触，粘有 PI 液的图形均匀地转印到基板上，形成带有图形的 PI 取向层。PI 取向层的厚度为 700 ~ 800 Å（1 Å=10^{-10} m）。

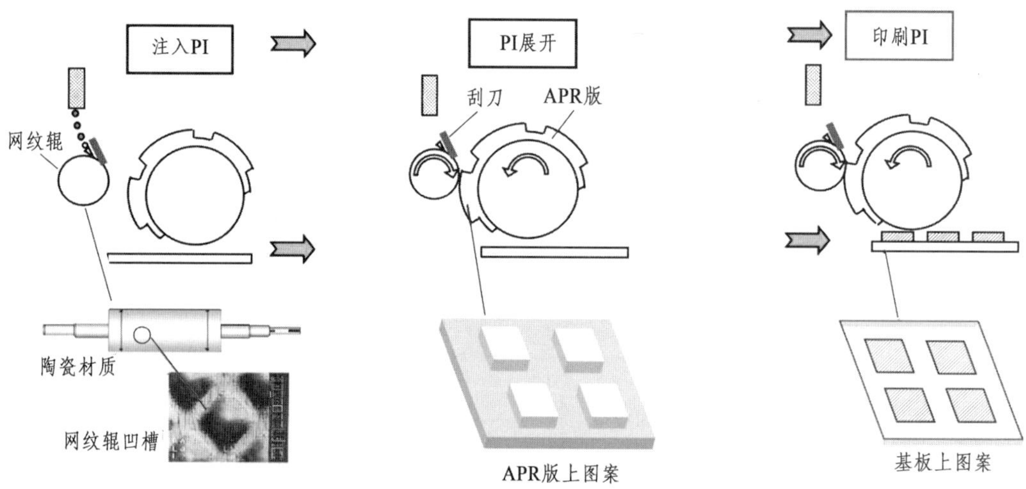

图 2-22　PI 印刷的工艺过程及部分细节

（3）PI 预固化和主固化：预固化可以均匀地挥发涂布材料（聚酰亚胺）内的部分溶剂，工作温度在 80 ~ 120 °C；主固化是使涂布的聚酰亚胺材料完全转变为聚酰亚胺薄膜，工作温度在 200 ~ 250 °C。两者设备结构类似。

（4）摩擦：该工艺是用绒布在 PI 上摩过，将 PI 的侧链梳理到一个方向；摩擦后在 PI 取向层上形成了一定的沟槽和一定的预倾角。图 2-23 所示为摩擦过程和液晶分子按照一定倾角排列示意图。

2. ODF（One Drop Filling）成盒工艺

成盒就是将 CF 和 TFT 玻璃基板对贴、黏结起来，同时要在两个玻璃基板间的间隙中（盒中）放入液晶并控制盒的厚度。传统的成盒工艺是先完成空盒制作，然后灌注液晶。ODF 成盒工艺是先在 TFT 或 CF 玻璃基板上滴下液晶，然后在真空环境下对贴制盒，最后经紫外固化和热固化后成盒。图 2-24 为 ODF 的工艺流程图。

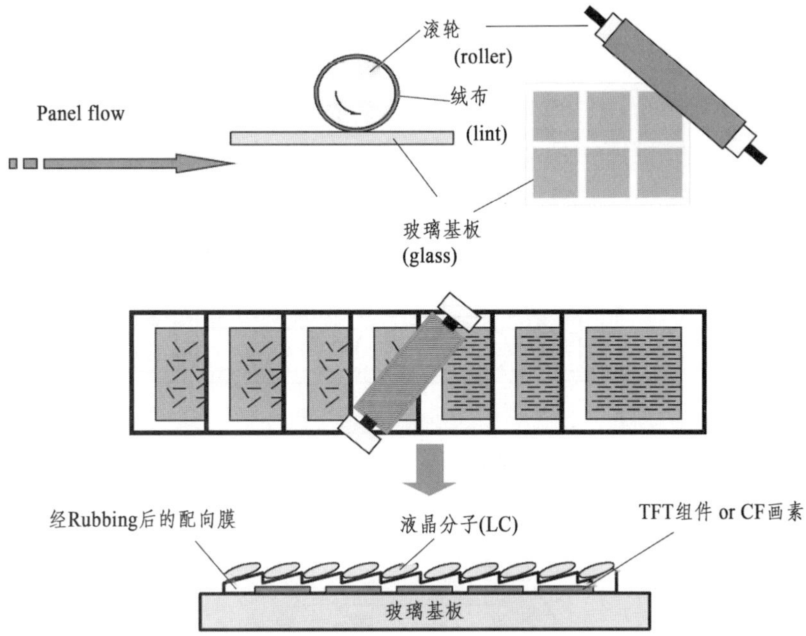

图 2-23　摩擦过程示意图

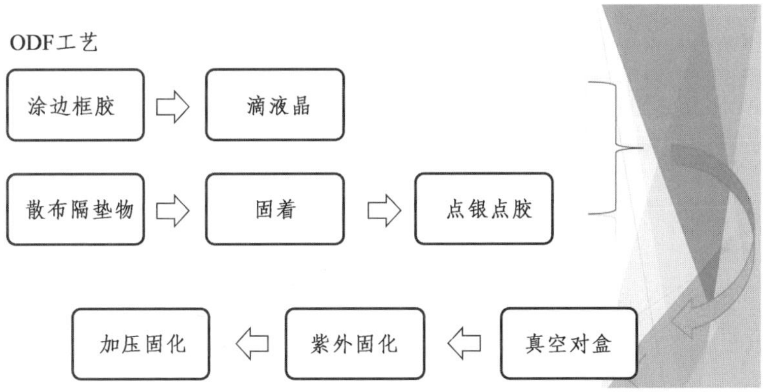

图 2-24　ODF 的工艺流程图

（1）散布隔垫物：隔垫物散布和固着是将隔垫物均匀地散布于玻璃基板上并加热固着，以确保形成均一的液晶盒厚，其工艺示意图如图 2-25 所示。

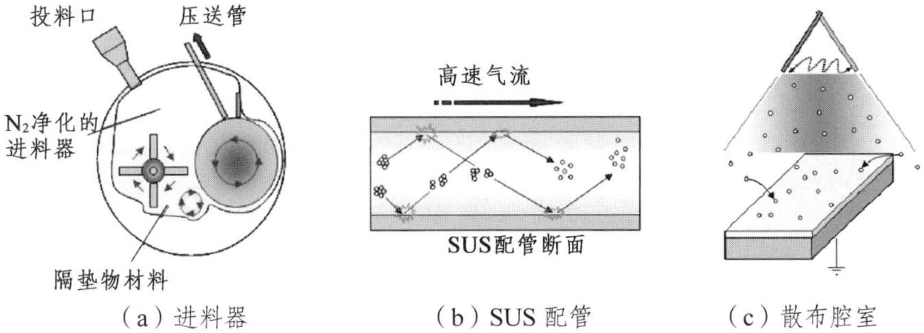

（a）进料器　　（b）SUS 配管　　（c）散布腔室

图 2-25　散布隔垫物工艺示意图

（2）边框胶和银点胶：使用边框胶是为了使 TFT 基板和 CF 基板紧密黏合，切断液晶分子与外界的接触，并维持上下玻璃基板之间的盒厚，其主要成分为树脂；银点胶是一种导电胶，用于连接 TFT 基板和 CF 基板的共用电极，使 CF 基板上的 ITO 电极导通，主要成分为混入导电金球或 Ag 的树脂胶。图 2-26 为边框胶和银点胶涂布位置示意图。

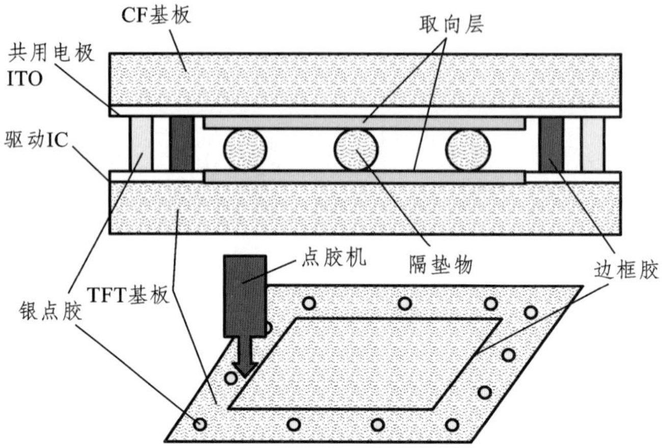

图 2-26　边框胶和银点胶涂布位置示意图

（3）液晶滴下：是在 PI 涂布和摩擦结束的阵列基板或彩膜基板上指定位置滴下一定量液晶的工艺。该工艺采用一种叫 Dispenser 的涂布头来完成，其示意图如图 2-27 所示。

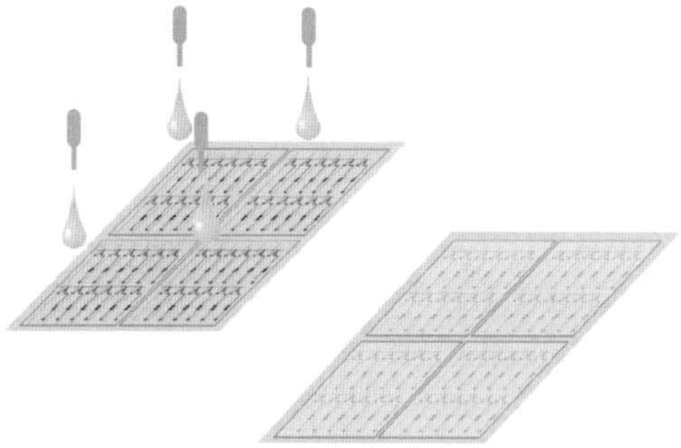
图 2-27　液晶滴下工艺示意图

（4）真空对盒：是在真空条件下，对阵列基板和彩膜基板进行对准（Alignment）及重叠（OverLay），工艺流程如图 2-28 所示。

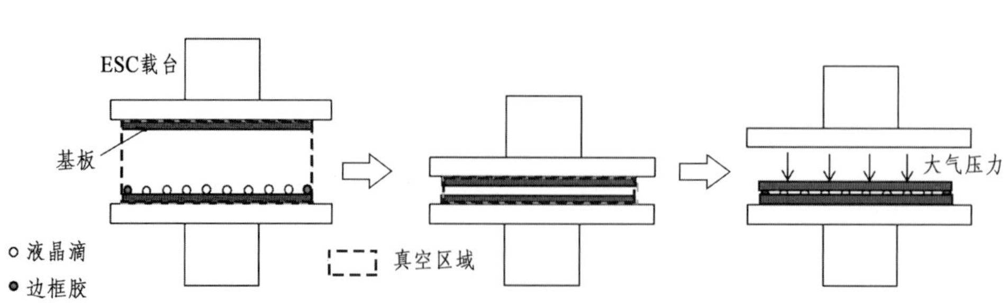

图 2-28　ODF 工艺真空对盒的工艺流程

（5）固化：包括紫外固化和加热固化，其主要作用是保证两片玻璃基板很好密封并紧密地黏接起来，图 2-29 为 UV 固化原理图。

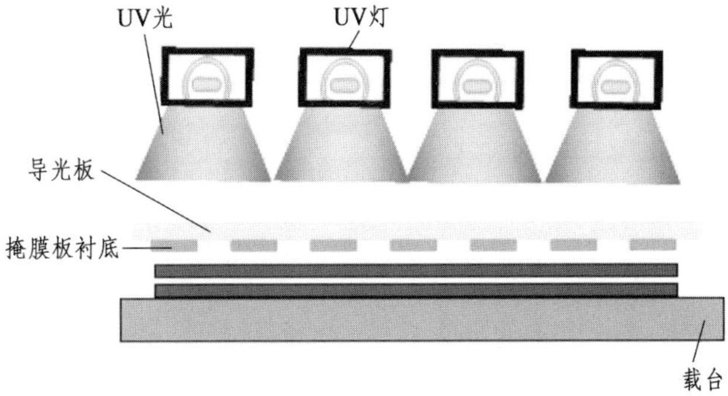

图 2-29　UV 固化原理图

（6）切割工艺：切割工艺包括切割和倒棱。切割就是利用高渗透刀轮以一定的压力和速度切割玻璃基板，在 CF 和 TFT 基本贴合后的屏指定位置露出 PAD 电极，形成一个个独立的液晶屏；倒棱就是将待加工完成的屏吸附在工作载台上，随着载台的移动与高速旋转的滑轮进行接触研磨。切割的作用主要包括：去除短路环；去除棱角处的玻璃毛边的细小裂纹，使玻璃的强度均匀；棱角光滑，组装模块时边缘不易破损且不会使柔性电路等造成划伤或破损，如图 2-30 所示。

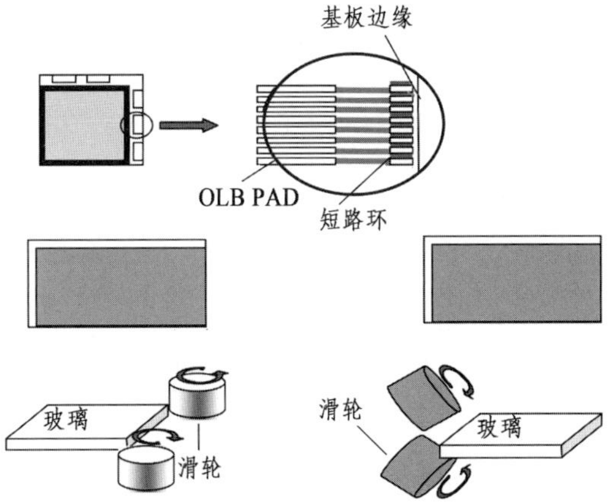

图 2-30　切割的作用

（7）贴片工艺：是在切割后的液晶屏外面要贴上偏振片，包括清洗、贴片、加压消泡等工艺，如图 2-31 所示。

清洗是在倒棱后和贴偏振片前，用摩擦带和去离子喷射水对面板上下表面自动清洗，用风干装置吹干。

贴片就是贴偏振片，是液晶显示器制屏工艺的最后一个阶段，包括成品检测、贴偏振片和包装等。

加压消泡是将贴片后的玻璃基板放入密闭的环境（通常是锅炉状腔体），利用高压并加一定的温度维持一定的时间可以消除小气泡，还可以增强玻璃面板与偏光片之间的黏附性。

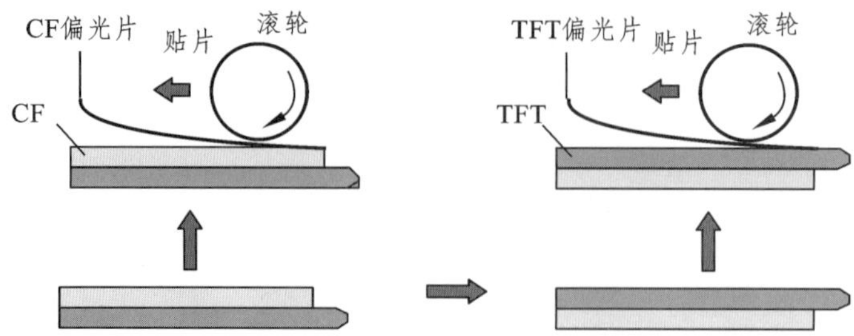

图 2-31　贴偏振片

2.4　TFT-LCD 的模块工艺技术

将液晶屏、驱动电路、柔性线路板、印刷电路板、背光源、结构件绑定组装在一起的工艺称为液晶显示器的模块工艺，又称为模组工艺。根据绑定驱动 IC 方式的不同，液晶显示器模块工艺可以分为 COB 工艺、TAB 工艺、COG 工艺和 COF 工艺，如图 2-32 所示。

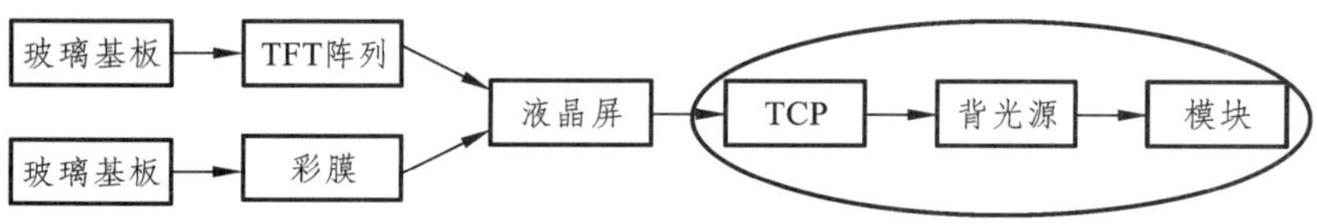

图 2-32　模块工艺的流程内容

（1）COB（Chip on Board）工艺是一种将驱动 IC 的裸芯片用黏片胶直接贴在 PCB 板指定位置上的模块工艺，其缺点是损坏后不可修复，只能报废，在液晶显示模块工艺中逐步被代替。

（2）TAB（Tape Automated Bonding）工艺是将封装有驱动 IC 的柔性电路 TCP 的两端用各向异性导电胶 ACF 分别固定在印刷电路板 PCB 和液晶屏上，把两者连接起来的一种模块工艺，又称为窄带驱动 IC 自动绑定技术。TAB 工艺可减少液晶显示模块的质量、体积，安装方便、可靠性好。但液晶屏的外引线连接处容易受损断裂，造成液晶屏与驱动 IC 的连接处接触不良。

（3）COG（Chip on Glass）工艺是采用各向异性导电薄膜 ACF 和热压焊工艺将精细间距的驱动 IC 直接绑定到液晶屏上的工艺，比 COB 和 TAB 工艺更先进，具有绑定工艺简便、易于小型化等特点，特别适用于高密度、大容量的液晶显示模块，具有广阔的发展前景。

（4）COF（Chip on Film）将驱动 IC 绑定到一个柔性电路板上，再用 ACF 将柔性电路板连接到液晶显示屏的外引线处，其他周边组件以高度集成的方法与驱动 IC 一起绑定在柔性电路板上，是一种新兴的模块工艺技术。

2.4.1　COG 工艺流程

COG 工艺流程如下：

首先将 ACF 贴在液晶屏的外引线处提供导通和黏合的作用；接着绑定驱动 IC，如图

2-33（a）所示；再贴 ACF，绑定 FPC，如图 2-33（b）所示；贴 ACF，绑定印刷电路板 PCB，如图 2-33（c）所示。这样 ACF 把驱动 IC、FPC 和 PCB 通过导电粒子导通，从而让电流信号导通。ACF 在一定的温度、压力下控制压合时间，聚合硬化便可提供足够的工作强度。

各组件绑定完成后还要进行检测。首先检测绑定过程中压合的好坏，同时要检测玻璃基板厚度、尺寸、平坦度等项目，检查玻璃的外观上是否有刮伤、阴影或表面上是否有任何的变化；还要用钠灯进行显色性色差检查，检查是否有彩膜正反面的不均匀性姆拉（Mura），如图 2-33（d）所示。

经检测绑定合格的模块要组装上背光板、背光源及铁框等，如图 2-33（e）所示。最后进行老化测试及成品检测。老化测试的目的是检查液晶屏可能性的故障，一般经老化测试后通过的液晶屏在寿命期间就不可能再出现问题了。出于效率考虑，液晶屏面板很薄，稍有不慎将破碎，因此老化测试要使用自动设备来提高良品率。

成品检测是通过人眼目视检测。用一组信号发生器直接驱动液晶屏显示图像，进行 20 多组画面的检查，主要检查是否有坏点、RGB 三基色是否正常，如图 2-33（f）所示。最后在恒温恒湿机内部，LCD 显示屏要经过边发光边接收检查的温度、湿度检测及耐压、抗撞击测试。

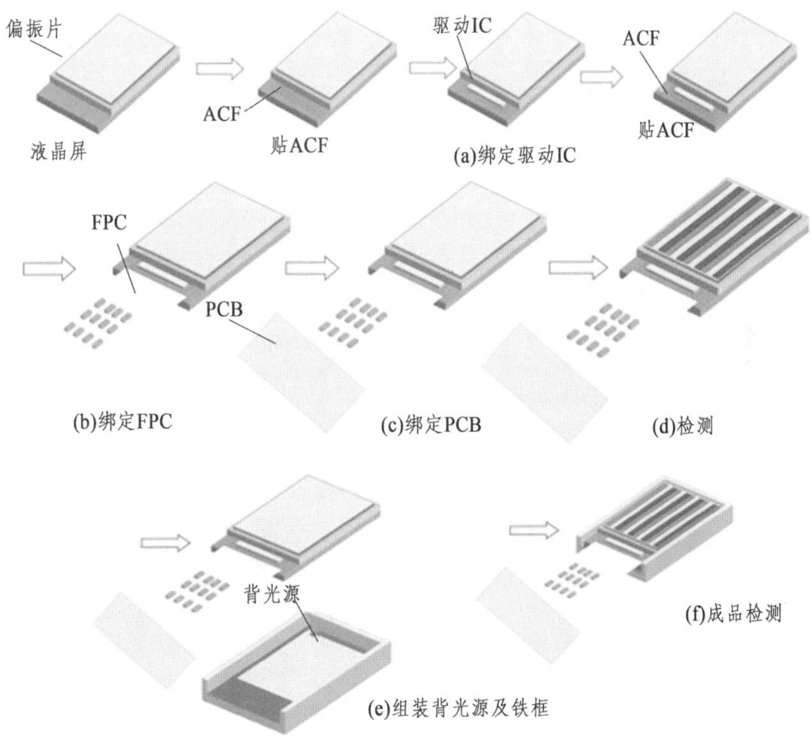

图 2-33　COG 工艺流程示意图

2.4.2　COG 工艺要点与特点

COG 工艺技术要点：

（1）绑定驱动 IC 时，要求 IC 对位标志与液晶屏上的对位标志吻合。

（2）需用无尘布沾溶剂清除液晶屏外引线上的异物，再用紫外灯照射清除外引线上的有机物。

（3）要注意 ACF 的储存条件、有效使用时间、热压温度和压头的压力。ACF 从冰箱取出后需在室温条件下放置 1 h 后使用。

（4）液晶屏须严格测试，必须严格控制外引线处的断路和短路，防止漏测造成材料浪费及品质不良。

（5）COG 工艺在外引线的线间隙小于 15 μm 时，要增加涂覆绝缘层工艺，以避免断短路、显示不均、串扰和功耗电流大等问题。

（6）COG 成品必须 100%检测，COG 常见不良品，如 IC 异物、IC 压痕不良、ACF 贴附不良、IC 对位偏移、IC 厚度不均、IC 破裂/刮伤、IC 突出电极不良等，都需要检测出来。

COG 的工艺特点：

（1）COG 工艺直接将驱动 IC 芯片绑定到液晶屏上，减少了焊接工艺，使工艺简化，不存在驱动 IC 芯片变形的问题。

（2）体积比 COB 小，更易于小型化、简易化和高度集成化。

（3）该工艺将柔性印刷电路 FPC 直接绑定到液晶屏上，可广泛用于体积小的便携式产品。

第 3 章　虚拟仿真实训

3.1　光电技术虚仿实训系统

光电技术虚仿实训系统利用虚拟仿真软件提供的建模、仿真、优化和可视化等功能，让学生可以在计算机上进行光电技术的实践和探索。该系统提供了一种安全、经济、高效的学习方式，帮助学生更好地理解光电技术原理和应用，并培养其解决实际问题的能力。通过光电技术仿真实训，学生可以在虚拟环境中进行液晶显示器 IC 制造技术、TFT 阵列和彩膜 IC 制造等模拟实践操作，自由地调整参数、观察结果，并通过虚拟环境中的实时反馈进行分析和评估，提高学生的实际操作能力和问题解决能力。同时，虚拟仿真软件的使用也可以减少实验设备的成本和风险，提供更灵活、高效的学习方式。

3.1.1　模式选择操作

用户点击平台中任一 VR 实验或工程可进入 VR 虚仿软件，如图 3-1 所示。

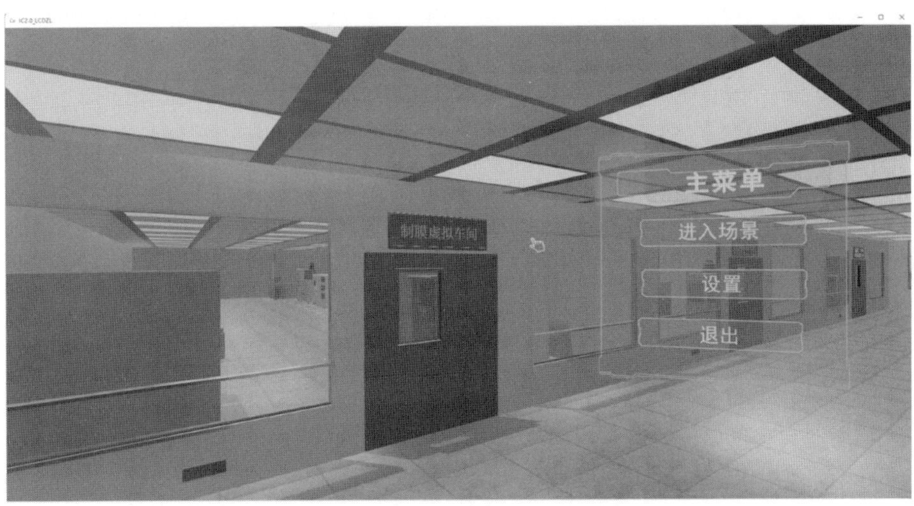

图 3-1　VR 虚仿软件主界面

在主菜单栏选择【进入场景】即可进入流程操作选择界面。用户可根据自身学习需要进行选择，可供选择的有【流程模式】以及【单台设备操作】两种模式，如图 3-2 所示。

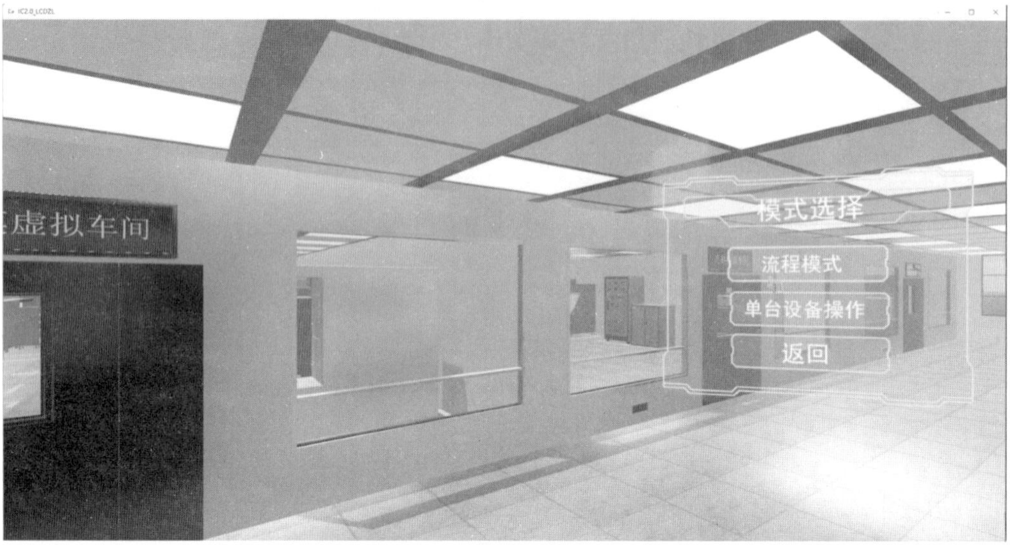

图 3-2　流程操作选择界面

若选择【单台设备操作】，界面左侧将会出现设备选择菜单栏，用户可根据自身需求点击相应的设备进行实验操作，如图 3-3 所示。

图 3-3　单台设备操作选择界面

备注：所有设备的实验操作步骤均可在对应的理论学习界面中查看。用户点击对应设备的【工艺参数和生产操作】按钮，再在右侧视频区点击【实验操作】按钮，即可查看该设备对应的实验操作流程视频，如图 3-4 所示。

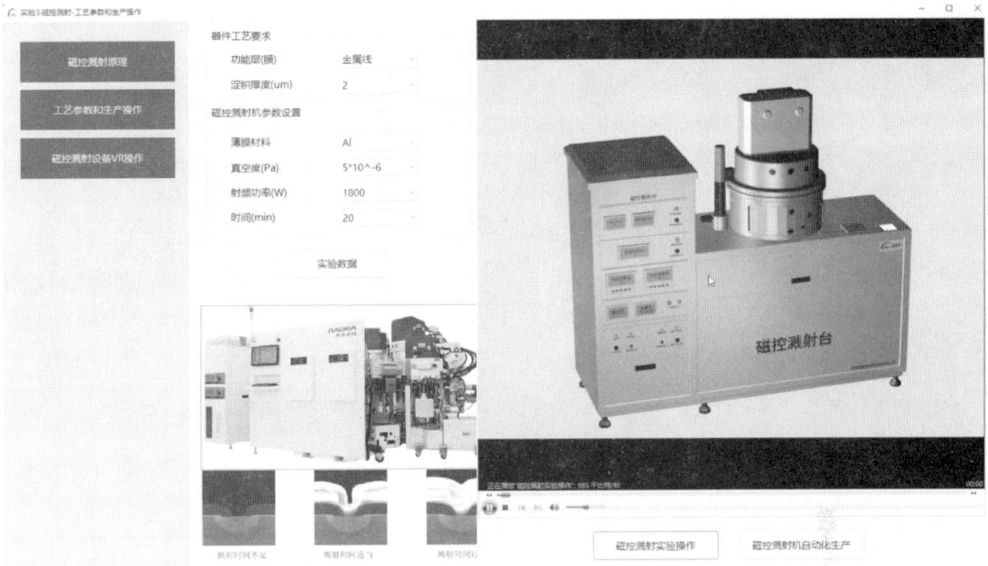

图 3-4　实验操作流程视频

若选择【流程模式】，界面左侧将会出现流程选择菜单栏，用户点击【LCD 阵列】将直接进入 VR 虚拟车间进行实验操作，如图 3-5 所示。

图 3-5　流程模式选择界面

用户选择【LCD 阵列】后进入 VR 虚拟车间，在界面右上角有操作记录，可查看整个 LCD 阵列的操作流程，需要根据该流程进行实验操作，已完成的操作会在完成栏打“√”，如图 3-6 所示。

图 3-6　流程模式车间界面

3.1.2　人物控制操作

光电技术虚访实训系统中所有的实验操作均使用鼠标与键盘进行控制。

移动鼠标用于控制镜头转向，鼠标右键用于改变镜头距离；键盘 Q 键可锁定/解锁镜头显示鼠标，锁定鼠标后按住鼠标右键拖拉可控制视角；键盘 W、A、S、D 键用于控制移动，空格键用于进行加速；漫游至设备时会出现按键提示，键盘 E 键可用于启动设备，如图 3-7 所示。

图 3-7　实验操作说明界面

3.1.3　地图导航操作

用户在进入虚拟车间、穿上防护服除尘后，界面右下角将会出现可折叠/打开的地图，在地图上可查看各设备的摆放位置，可根据地图寻找设备；地图的右上角按钮可开启导航模式以及自动巡航模式。打开导航模式，车间将会出现箭头指引，指向所选中的设备；开启自动巡航模式，人物将自动移动到所选中的设备前，如图 3-8 所示。

图 3-8　地图导航界面

3.1.4　功能设置操作

用户点击【设置】按钮，可对虚仿软件部分功能进行设置，如图 3-9 所示。

图 3-9　设置主界面

点击【角色】，可对所控制角色的移动速度和镜头灵活度进行修改设置，如图 3-10 所示。

图 3-10　角色设置界面

点击【效果】，可对软件的画质效果进行修改设置，如图 3-11 所示。

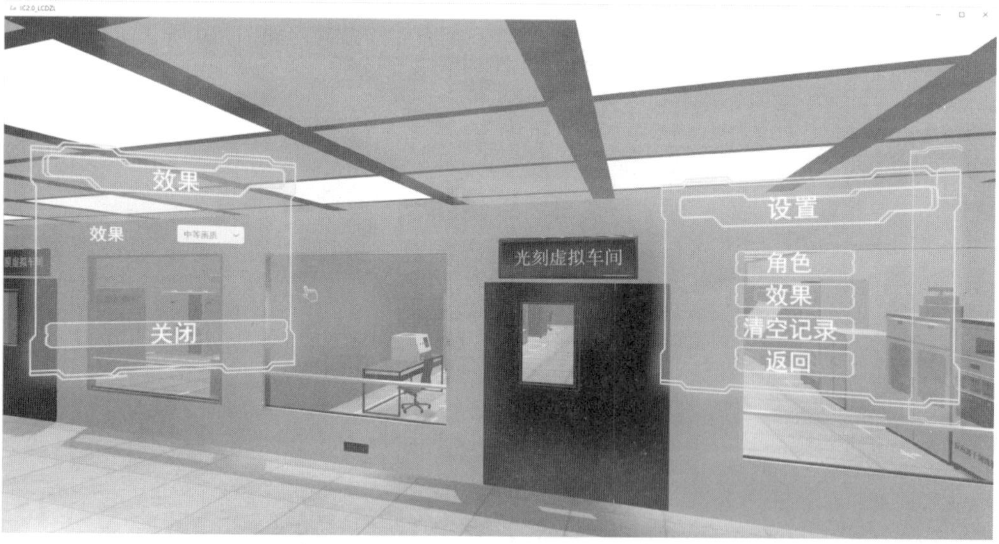

图 3-11　效果设置界面

点击【清空记录】，可删除全部操作记录以及分数，如图 3-12 所示，请谨慎操作。

图 3-12　清空记录设置界面

3.1.5　窗口进料操作

用户在使用任一设备时，界面左下角均会出现一个进料窗口，如图 3-13 所示。

图 3-13　进料窗口界面

点击【+】按钮可放大进料窗口查看物料，可利用鼠标左键拖拽翻转物料模型，通过鼠标滚轮可放大/缩小物料模型，利用鼠标右键点击物料可进行上料操作，如图 3-14 所示。

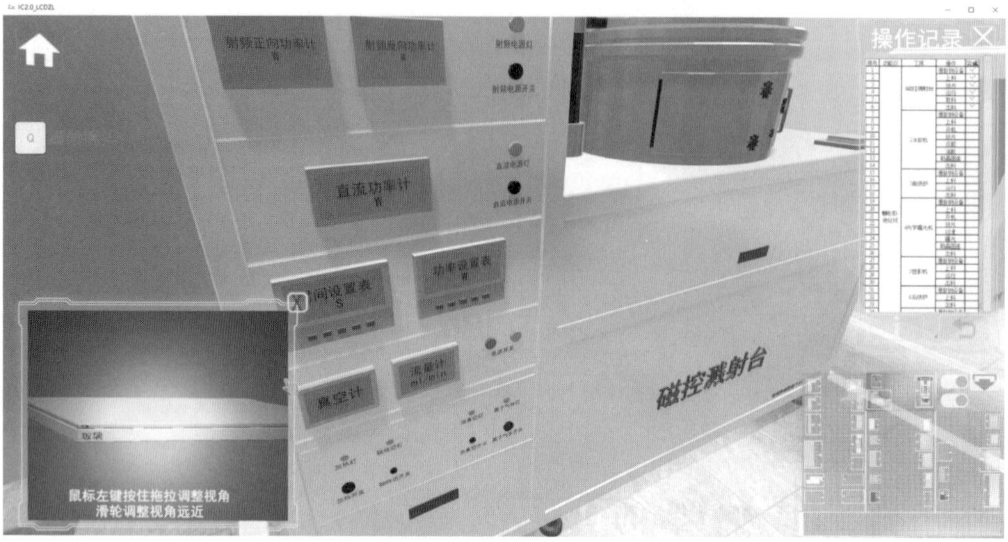

图 3-14　进料窗口放大界面

3.2　液晶显示器 IC 制膜工程

用户登录学生端口后，点击【液晶显示器 IC 制造技术】按钮，可进入液晶显示器 IC 制造技术项目主界面。该项目共分为五个模块，分别为液晶显示器、IC 制造、IC 制膜工程、光刻工程和掺杂工程。点击对应按钮可进入该模块的详细学习界面，如图 3-15 所示。

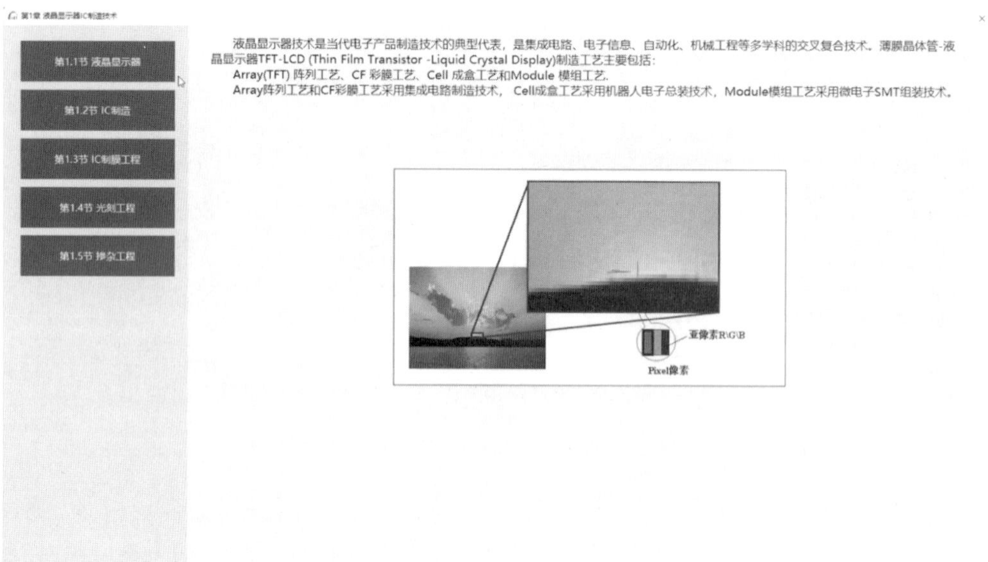

图 3-15　液晶显示器 IC 制造技术主界面

通过液晶显示器 IC 制造技术虚拟仿真，可深入了解液晶显示器 IC 制造的各个环节和工艺流程。通过实践操作，将了解液晶显示器、IC 制造、制膜工程、光刻工程和掺杂工程等实训内容，掌握制作液晶显示器 IC 所需的基础知识和技能。

实训将提供虚拟仿真环境，可以模拟实际操作，并通过模拟实验数据进行结果分析和判断。通过实践操作可以深入了解液晶显示器 IC 制造的各个环节和工艺流程，包括：

（1）IC 制造过程中涉及到的制膜工程、光刻工程和掺杂工程等关键工艺环节，以及这些环节对 IC 制造过程的影响；

（2）实验数据分析方法和结果判断标准，以及如何根据实验数据调整制造工艺参数，提高 IC 制造效率和质量。

通过本次实训，可以掌握使用液晶显示器 IC 制造技术的基础知识和相关生产技能，为日后从事液晶显示器 IC 制造工作打下坚实的基础。

用户点击【第 1.3 节 IC 制膜工程】按钮可进入 IC 制膜工程的学习主界面。IC 制膜工程的实践操作共有 4 个实验，分别为：【实验 1：热氧化工艺】、【实验 2：等离子化学淀积】、【实验 3：磁控溅射】、【实验 4：外延】，如图 3-16 所示。

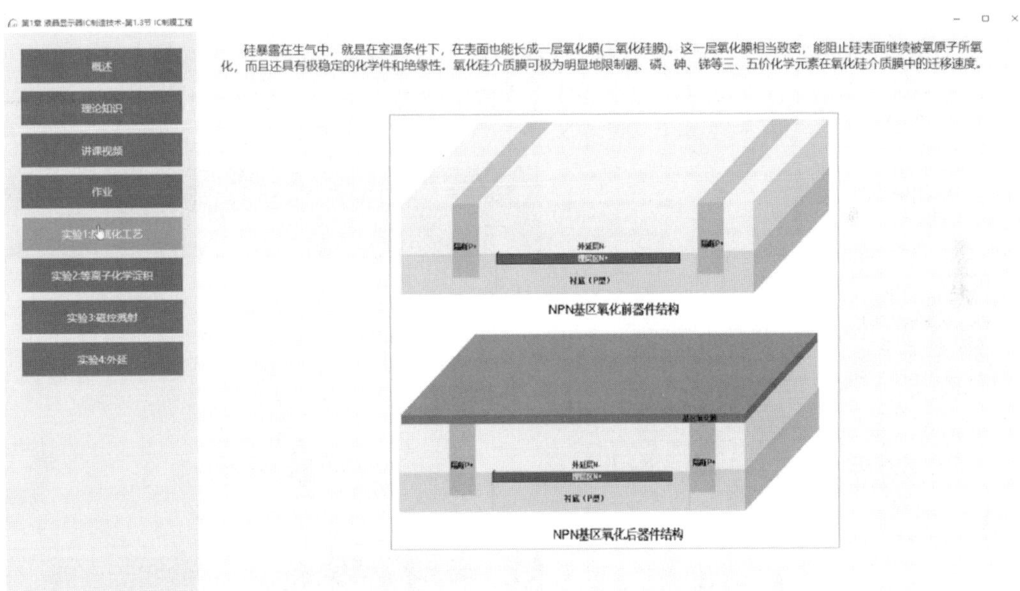

图 3-16　IC 制膜工程主界面

3.2.1　实验 1：热氧化工艺

用户点击【实验 1：热氧化工艺】可进入热氧化工艺学习界面。该界面设有【热氧化原理和操作】、【热氧化设备 VR 操作】、【热氧化质量检验】和【热分解淀积氧化原理和操作】四个按钮，点击后可进入对应的学习界面，如图 3-17 所示。

图 3-17　热氧化工艺主界面

1. 热氧化原理和操作

用户点击【热氧化原理和操作】按钮，可查看热氧化原理和操作的相关知识内容。在此界面中，用户可根据自身学习需求，点击【热氧化原理】、【热氧化炉实验操作】、【热氧化炉自动化生产】三个按钮，分别在界面右侧观看知识内容对应视频，如图 3-18 所示。

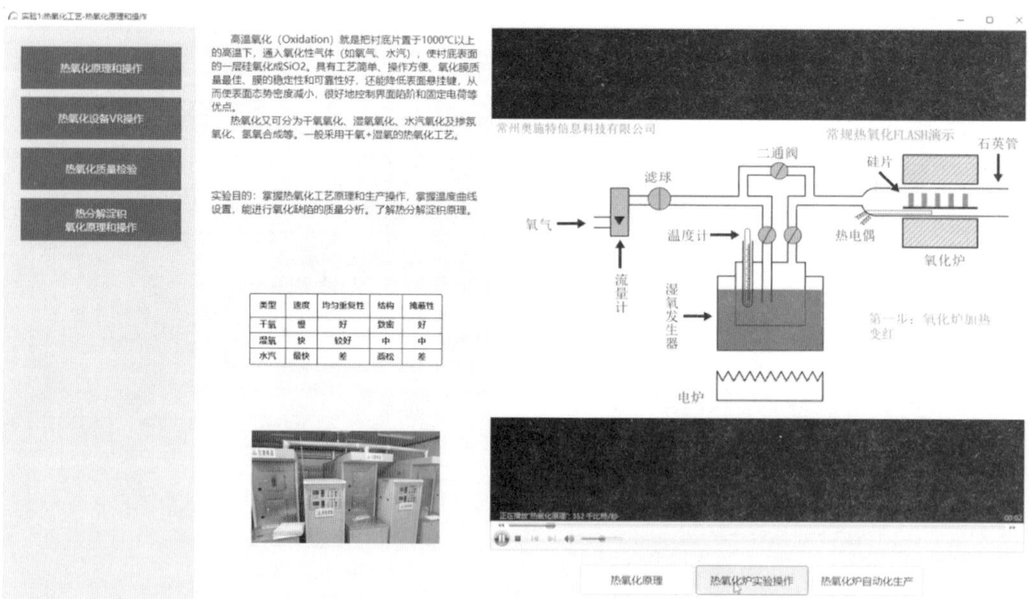

图 3-18　热氧化原理和操作界面

2. 热氧化设备 VR 操作

用户点击【热氧化设备 VR 操作】按钮可进入 VR 虚仿软件，如图 3-19 所示。

图 3-19　VR 虚仿软件主界面

在此实验中，用户需点击【进入场景】，选择【单台设备操作】，在菜单栏找到【氧化炉】，点击【氧化炉】即可进入热氧化设备 VR 操作界面。

界面右侧设有操作记录栏，用户需根据操作记录栏的提示进行实验操作，如图 3-20 所示。

图 3-20　热氧化设备 VR 操作界面

操作流程：

第一步：按下【Q】键解锁镜头，使用 W、A、S、D 键自由移动人物进入更衣室；通过鼠标点击穿上防护服，如图 3-21 所示。

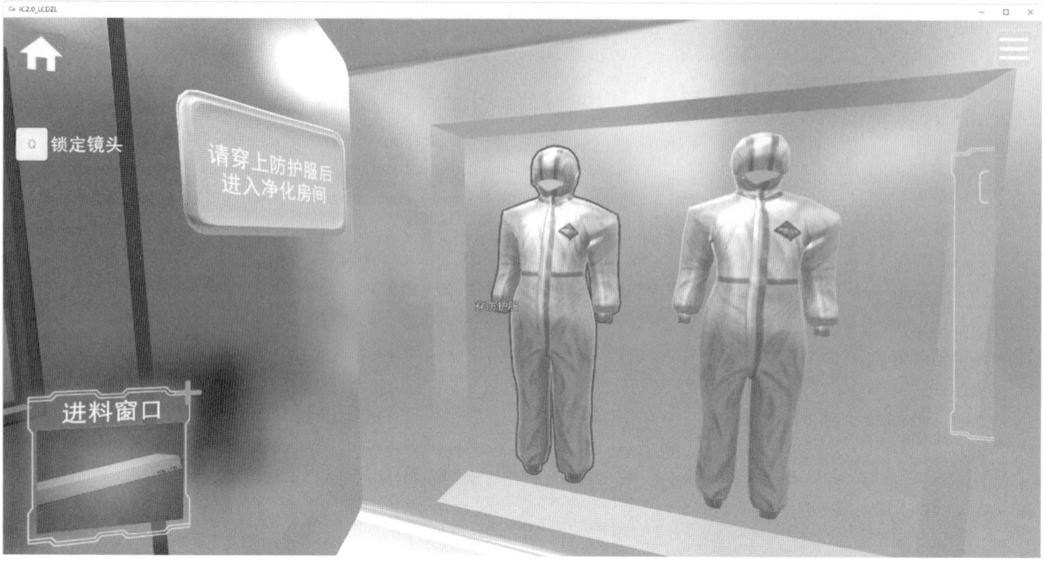

图 3-21　更衣室场景

第二步：进入净化房间等待除尘除静电，除尘除静电完毕后自由移动走出房间，进入生产车间，如图 3-22 所示。

图 3-22　净化房间场景

第三步：进入生产车间后，可打开界面右下角小地图，找到常规热氧化炉，可开启导航或自动巡航模式，移动到常规热氧化炉设备前，如图 3-23 所示。

图 3-23　车间入口场景

第四步：移动至氧化炉前，按下【E】键控制当前设备，随后按下【Q】键锁定镜头，即可开始生产操作，如图 3-24 所示。

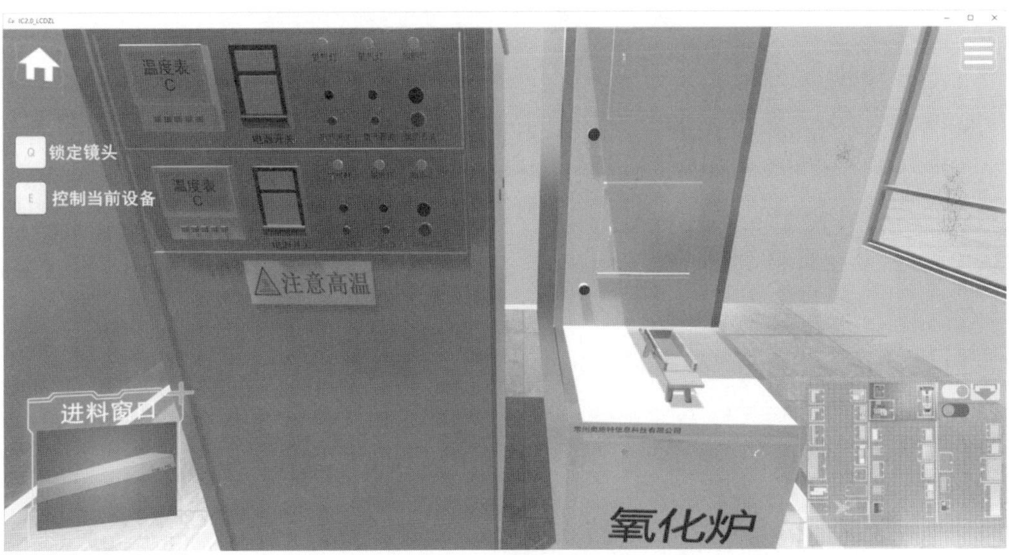

图 3-24　常规热氧化炉

第五步：开始生产操作：点击进料窗口的物料→点击上片→点击晶元架→点击炉门（打开）→点击进料→点击炉门（关闭）→点击电源开关（打开）→点击氮气开关（打开）→点击加热开关（打开）→点击氧气开关（打开）→播放设备运行原理动画→点击加热开关（关闭）→点击氧气开关（关闭）→点击氮气开关（关闭）→点击电源开关（关闭）→点击炉门（打开）→操作完成，如图 3-25 所示。

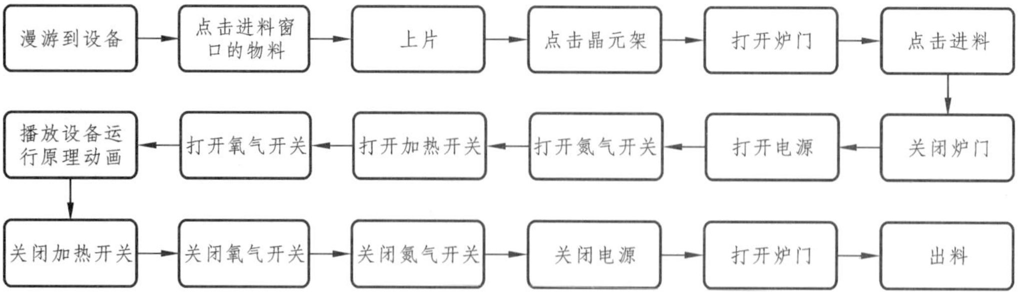

图 3-25　热氧化设备 VR 操作流程图

备注：

（1）在操作中，每进行一步，右侧的操作记录将会标记“√”表示完成该步骤；在操作栏点击【重做】按钮，将会重置当前设备所有操作，如图 3-26 所示。

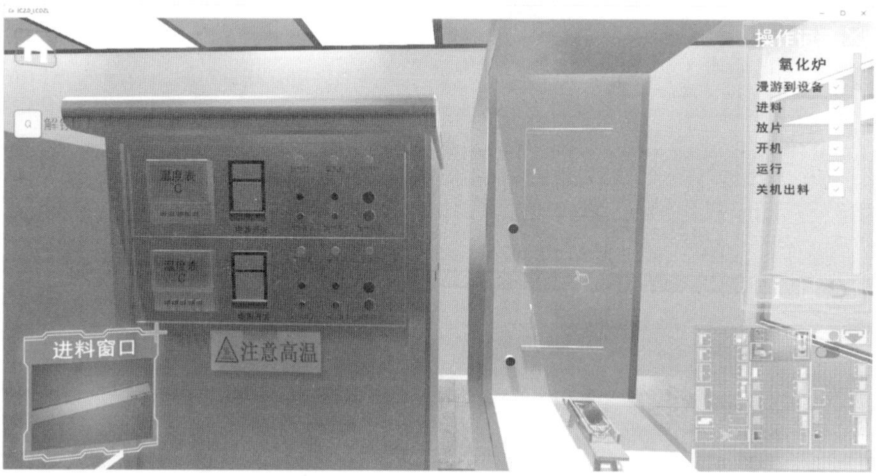

图 3-26　设备操作记录

（2）设备运行原理动画可暂停，可重播，可关闭，在动画播放完毕或点击【关闭】后，将自动进入下一步操作，如图 3-27 所示。

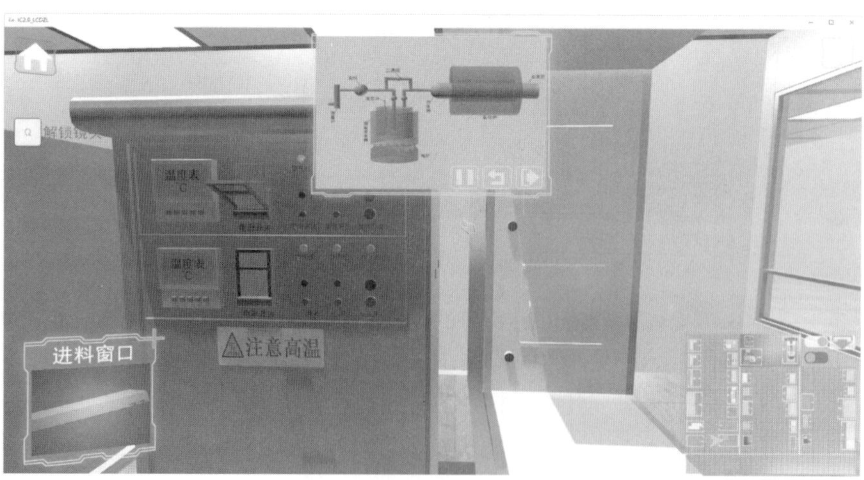

图 3-27　设备运行原理动画

（3）在生产操作完成后，进料窗口的物料将会有变化，可以点击【＋】号放大窗口进行查看，如图 3-28 所示。

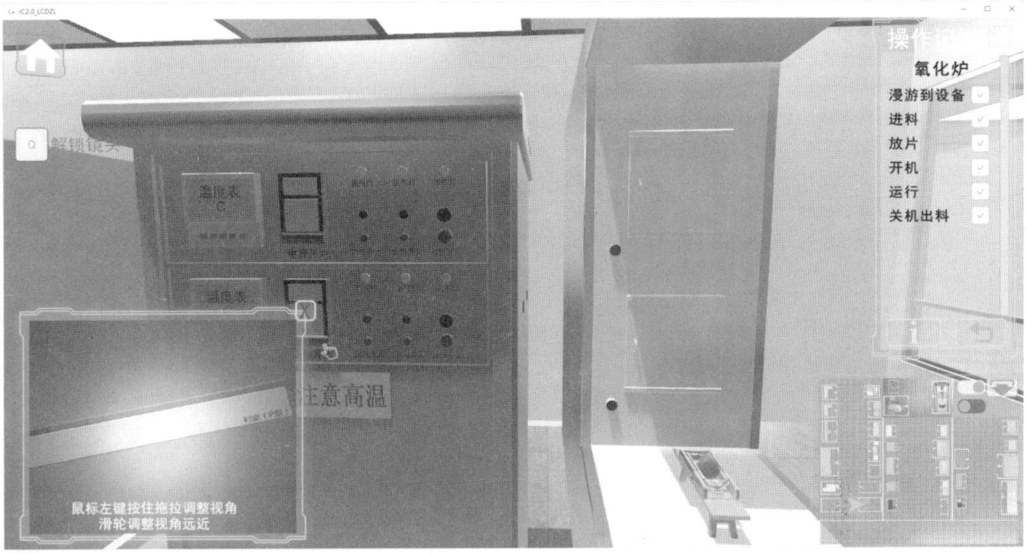

图 3-28　进料窗口放大

3. 热氧化质量检验

用户点击【热氧化质量检验】按钮，可进行热氧化质量检验。在此界面中，用户需要根据质量检验的项目内容选择对应的缺陷产生原因或解决方法，回答正确的答案将会显示蓝色，回答错误的答案将会显示红色，如图 3-29 所示。

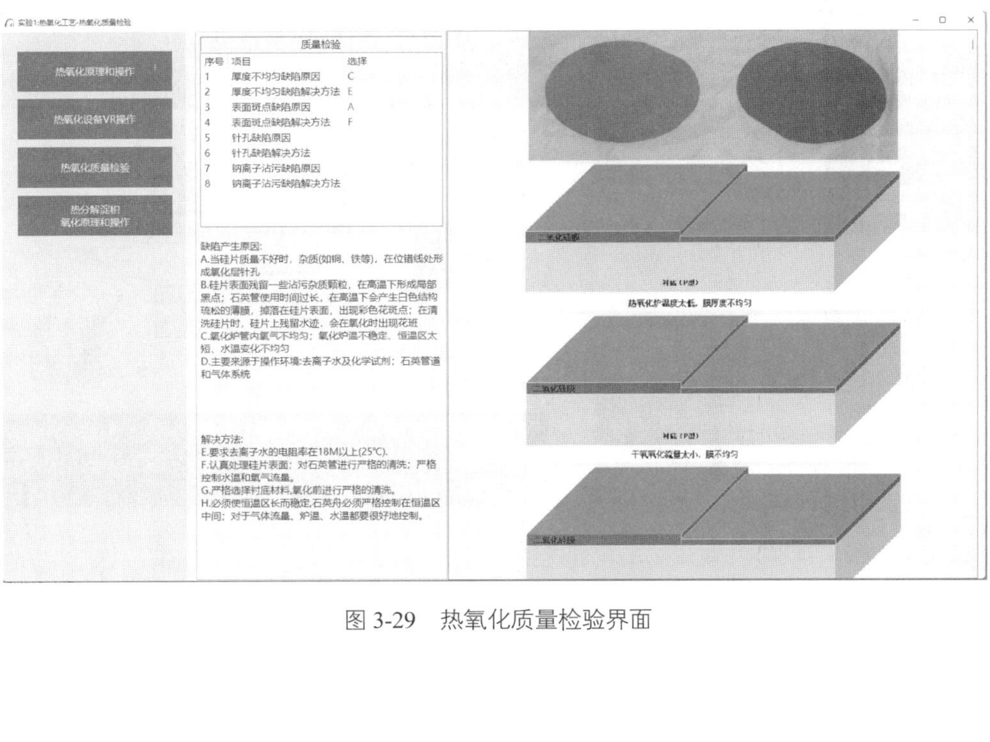

图 3-29　热氧化质量检验界面

备注：正确答案可在规则库中查看，如图 3-30 所示。

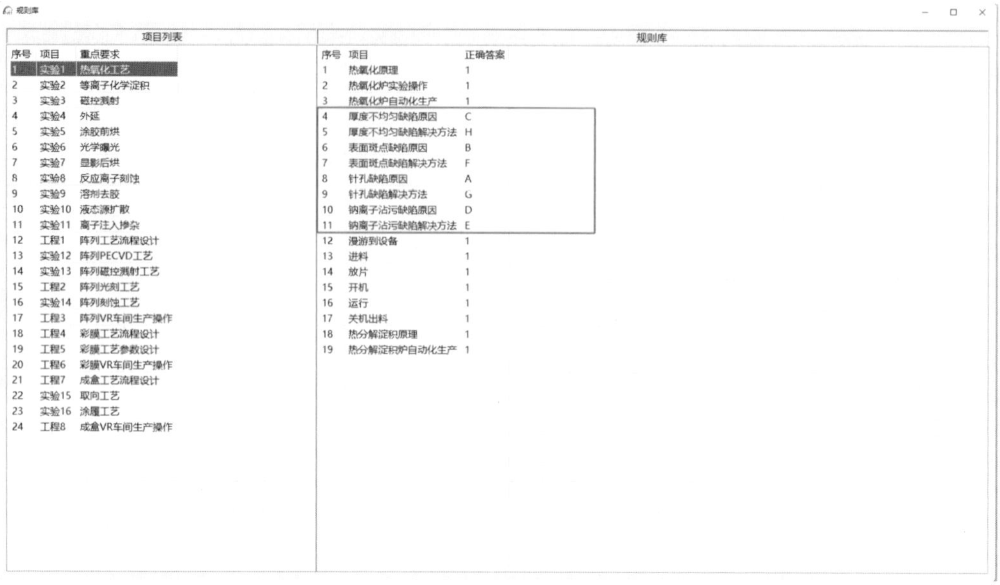

序号	项目	重点要求
1	实验1	热氧化工艺
2	实验2	等离子化学淀积
3	实验3	磁控溅射
4	实验4	外延
5	实验5	涂胶前烘
6	实验6	光学曝光
7	实验7	显影后烘
8	实验8	反应离子刻蚀
9	实验9	溶剂去胶
10	实验10	液态源扩散
11	实验11	离子注入掺杂
12	工程1	阵列工艺流程设计
13	实验12	阵列PECVD工艺
14	实验13	阵列磁控溅射工艺
15	工程2	阵列光刻工艺
16	实验14	阵列刻蚀工艺
17	工程3	阵列VR车间生产操作
18	工程4	彩膜工艺流程设计
19	工程5	彩膜工艺参数设计
20	工程6	彩膜VR车间生产操作
21	工程7	成盒工艺流程设计
22	实验15	取向工艺
23	实验16	涂履工艺
24	工程8	成盒VR车间生产操作

序号	项目	正确答案
1	热氧化原理	1
2	热氧化炉实验操作	1
3	热氧化炉自动化生产	1
4	厚度不均匀缺陷原因	C
5	厚度不均匀缺陷解决方法	H
6	表面斑点缺陷原因	B
7	表面斑点缺陷解决方法	F
8	针孔缺陷原因	A
9	针孔缺陷解决方法	G
10	钠离子沾污缺陷原因	D
11	钠离子沾污缺陷解决方法	E
12	漫游到设备	1
13	进料	1
14	放片	1
15	开机	1
16	运行	1
17	关机出料	1
18	热分解淀积原理	1
19	热分解淀积炉自动化生产	1

图 3-30　规则库答案截图

4. 热分解淀积氧化原理和操作

用户点击【热分解淀积氧化原理和操作】按钮，可查看热分解淀积氧化原理和操作的相关内容。在此界面中，用户可根据自身学习需求，点击【热分解淀积原理】、【热分解淀积炉自动化生产】两个按钮，分别在界面右侧观看知识内容对应视频，如图 3-31 所示。

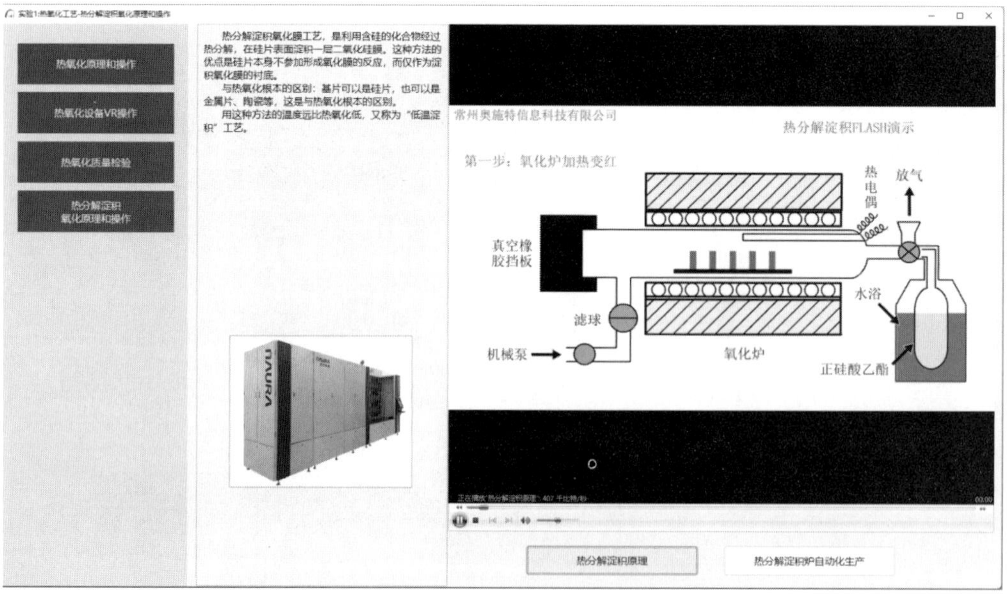

图 3-31　热氧化淀积氧化原理和操作界面

3.2.2 实验 2：等离子化学淀积

用户点击【实验 2：等离子化学淀积】可进入等离子化学淀积学习界面。该界面设有【等离子 PECVD 原理和生产操作】、【PECVD 工艺参数】、【PECVD 生产操作界面】、【PECVD 设备 VR 操作】四个按钮，点击后可进入对应的学习界面，如图 3-32 所示。

图 3-32　等离子化学淀积主界面

1. 等离子 PECVD 原理和生产操作

用户点击【等离子 PECVD 原理和生产操作】按钮，可查看等离子 PECVD 原理和生产操作相关知识内容。在此界面中，用户可根据自身学习需求，点击【等离子 PECVD 原理】、【等离子 PECVD 实验操作】、【PECVD 炉生产】三个按钮，分别在界面右侧观看知识内容对应视频，如图 3-33 所示。

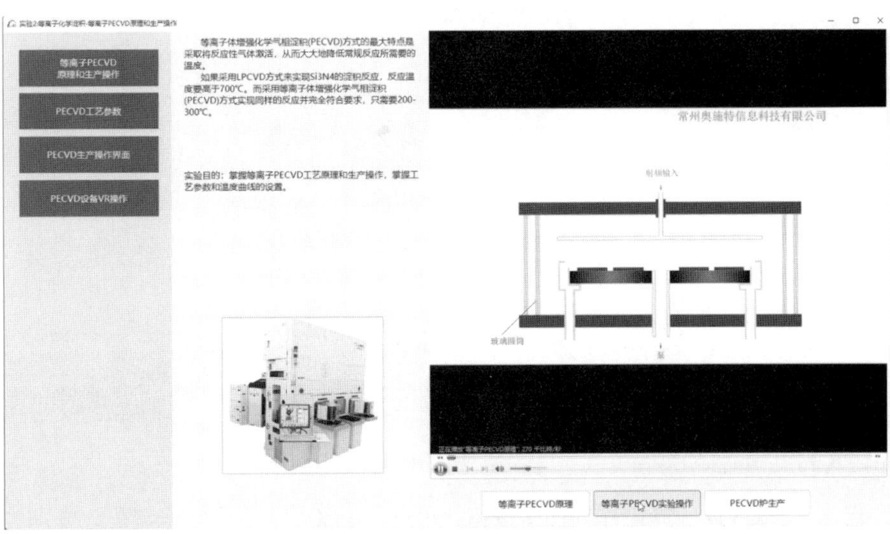

图 3-33　等离子 PECVD 原理和生产操作界面

2. PECVD 工艺参数

用户点击【PECVD 工艺参数】可进入 PECVD 工艺参数设计界面，该工艺参数设计共分为三个部分，分别为【氧化硅淀积】、【氮化硅淀积】和【多晶硅淀积】。用户需要在每个工艺流程中选择正确的参数，点击【温度曲线仿真】可在界面右侧查看相应的 PECVD 炉温度曲线；点击【淀积厚度仿真】按钮，可查看相应的淀积厚度；点击【实验数据】可查看所选择的工艺参数正确与否，如图 3-34 所示。

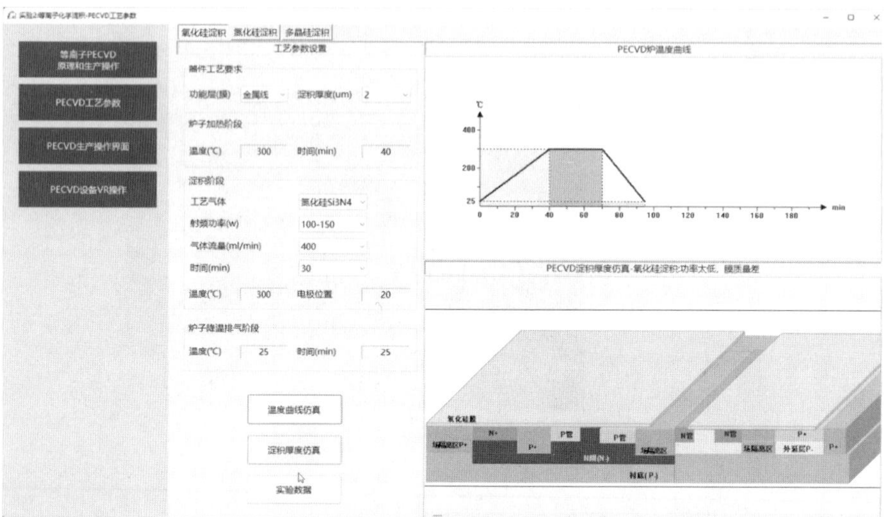

图 3-34　PECVD 工艺参数设置界面

备注：正确的参数设置可在规则库中查看（若正确答案显示为“规则库”，代表此为新开发内容，正在申请专利，专利申请流程完成后将会开放），如图 3-35 所示。

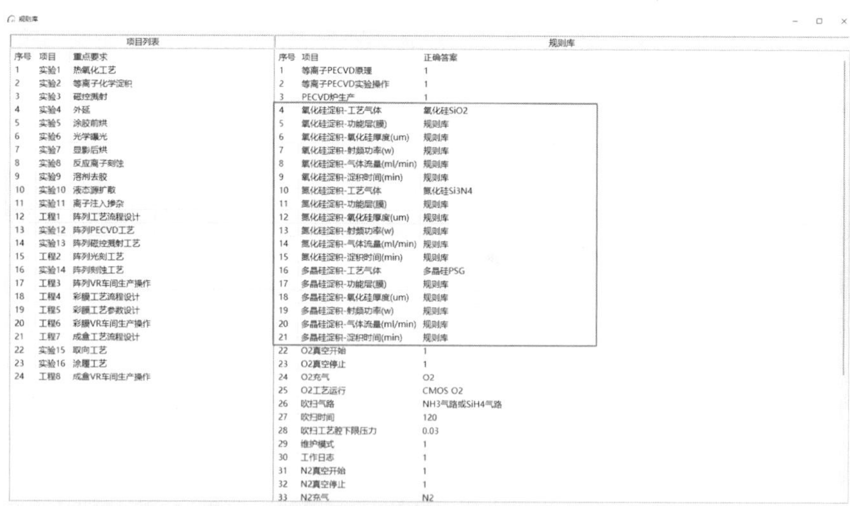

图 3-35　规则库答案截图

3. PECVD 生产操作界面

用户点击【PECVD 生产操作界面】按钮，可进行 PECVD 生产操作流程，分别为【氧化硅淀积】和【氮化硅淀积】两个生产操作的流程，如图 3-36 所示。

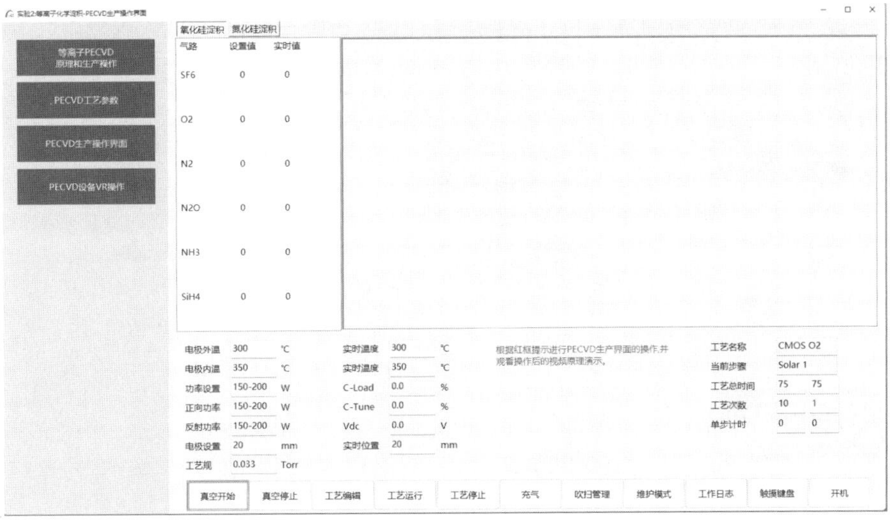

图 3-36　PECVD 生产操作界面

1）氧化硅淀积生产操作流程

操作流程：真空开始→真空停止→充气→工艺运行→工艺停止→吹扫管理→吹扫停止→维护模式→工作日志→运行完成，如图 3-37 所示。

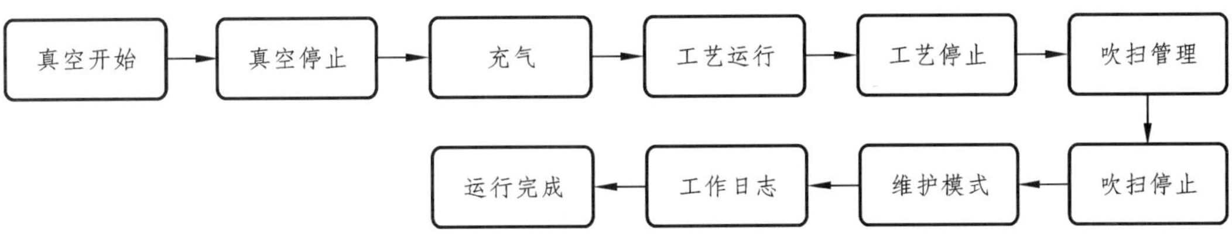

图 3-37　氧化硅淀积生产操作流程图

备注：

（1）每进行一步操作，界面右上方将会显示该操作的原理演示视频，如图 3-38 所示。

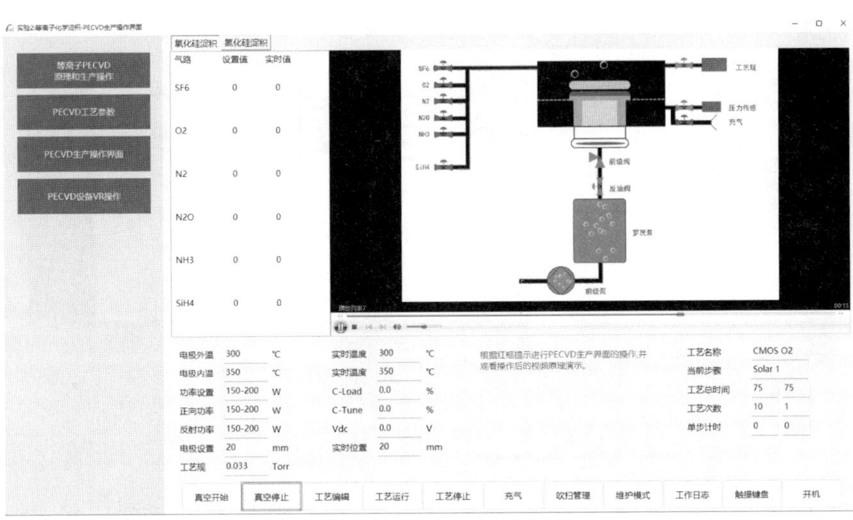

图 3-38　氧化硅淀积操作流程

（2）工艺流程选项的正确答案可在规则库中查看（正确答案为“1”代表只需点击即可），如图 3-39 所示。

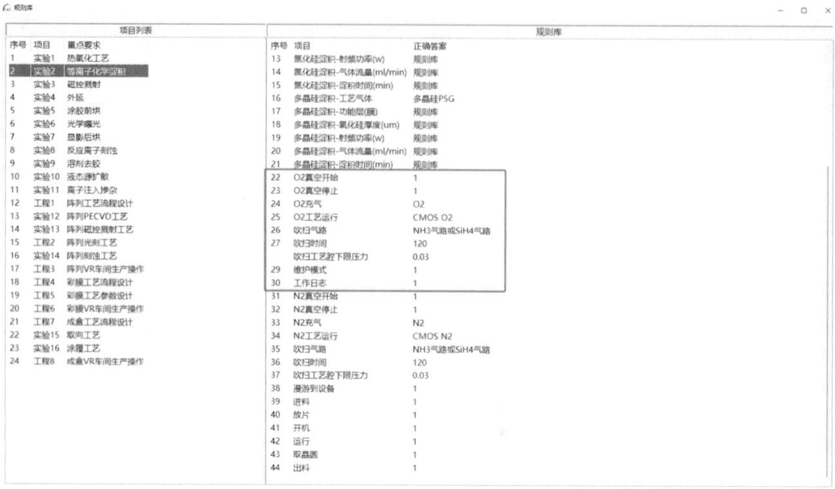

图 3-39　规则库答案截图

2）氮化硅淀积生产操作流程

操作流程：真空开始→真空停止→充气→工艺运行→工艺停止→吹扫管理→吹扫停止→运行完成，如图 3-40 所示。

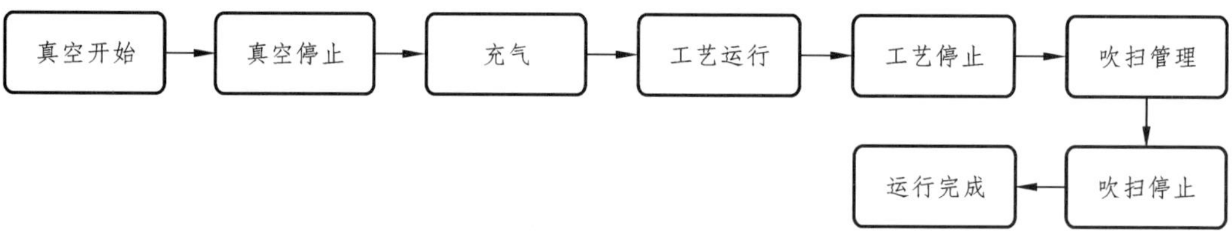

图 3-40　氮化硅淀积生产操作流程图

备注：

（1）每进行一步操作，界面右上方将会显示该操作的原理演示视频，如图 3-41 所示。

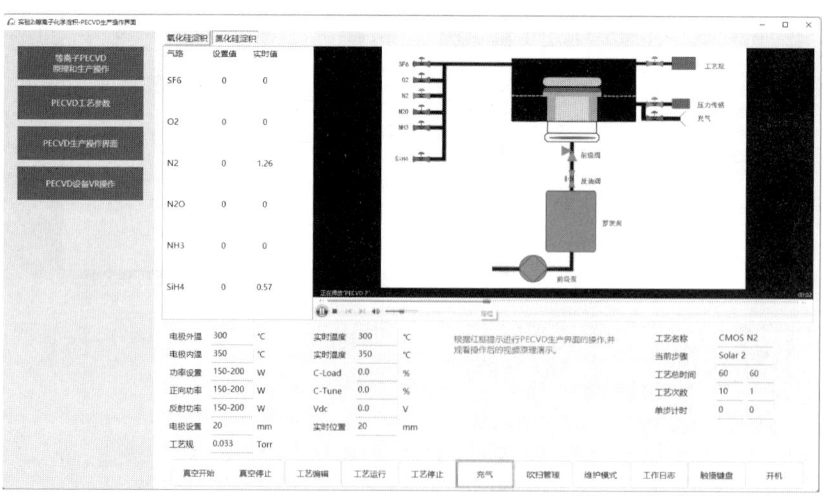

图 3-41　氮化硅淀积操作流程

（2）工艺流程选项的正确答案可在规则库中查看（正确答案为“1”代表只需点击即可），如图 3-42 所示。

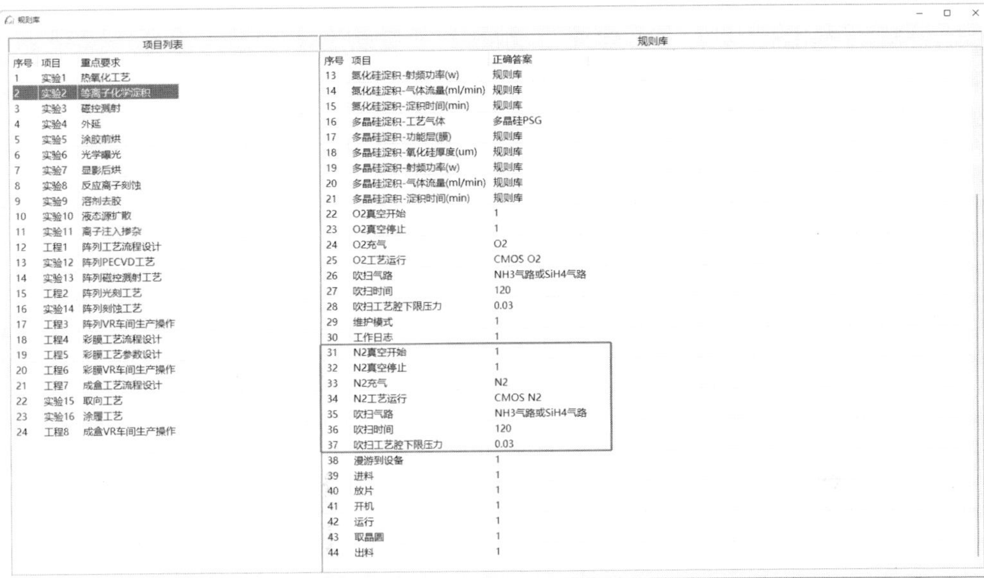

图 3-42　规则库答案截图

4. PECVD 设备 VR 操作

用户点击【PECVD 设备 VR 操作】按钮可进入 VR 虚仿软件，如图 3-43 所示。

图 3-43　VR 虚仿软件主界面

在此实验中，用户需点击【进入场景】，选择【单台设备操作】，在菜单栏找到【等离子化学沉积机】，点击【等离子化学沉积机】即可进入等离子化学沉积设备 VR 操作界面。

如图 3-44 所示，界面右侧设有操作记录栏，用户需根据操作记录栏的提示进行实验操作。

图 3-44　等离子化学沉积机 VR 操作界面

操作流程：

第一步：按下【Q】键解锁镜头，使用 W、A、S、D 键自由移动人物进入更衣室；通过鼠标点击穿上防护服，如图 3-45 所示。

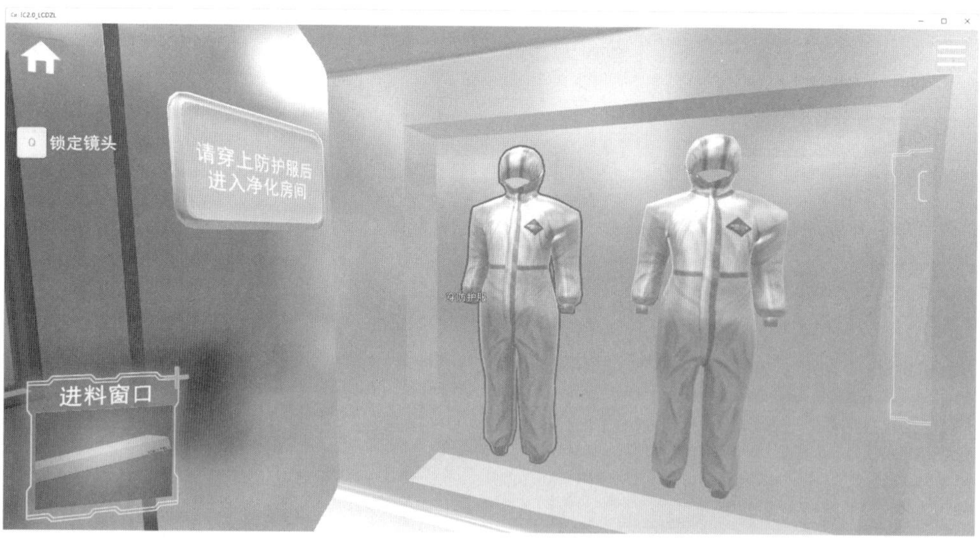

图 3-45　更衣室场景

第二步：进入净化房间等待除尘除静电，除尘除静电完毕后自由移动走出房间，进入生产车间，如图 3-46 所示。

图 3-46　净化房间场景

第三步：进入生产车间后，可打开界面右下角小地图，找到等离子化学沉积机，可开启导航或自动巡航按钮，移动到常规等离子化学沉积机设备前，如图 3-47 所示。

图 3-47　车间入口场景

第四步：移动至等离子化学沉积机前，按下【E】键控制当前设备，随后按下【Q】键锁定镜头，即可开始生产操作，如图 3-48 所示。

第五步：开始生产操作：点击进料窗口的物料→点击上片→点击开门→点击上片→点击关门→点击电源开关（打开）→点击加热开关（打开）→点击反应气体 1 开关（打开）→点击排气开关（打开）→点击射频电源开关（打开）→播放设备运行原理动画→点击加热开关（关闭）→点击反应气体 1 开关（关闭）→点击射频电源开关（关闭）→点击排气开关（关闭）→点击电源开关（关闭）→点击出料→操作完成，如图 3-49 所示。

图 3-48　等离子化学沉积机

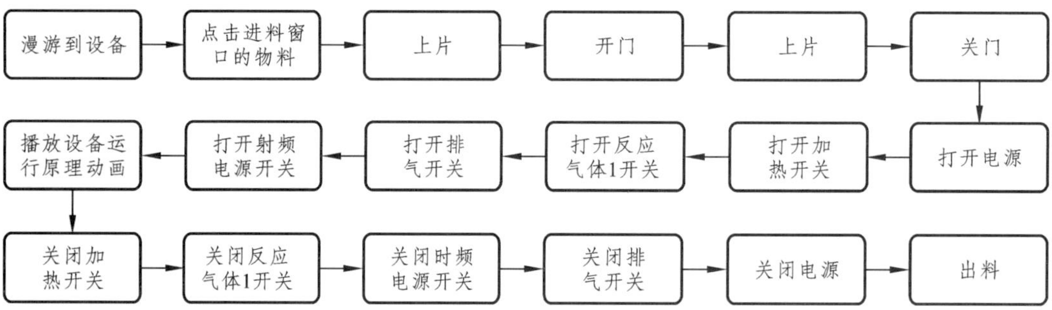

图 3-49　PECVD 设备 VR 操作流程图

备注：

（1）如图 3-50 所示，在操作中，每进行一步，右侧的操作记录将会标记“√”表示完成该步骤；在操作栏点击【重做】按钮，将会重置当前设备所有操作。

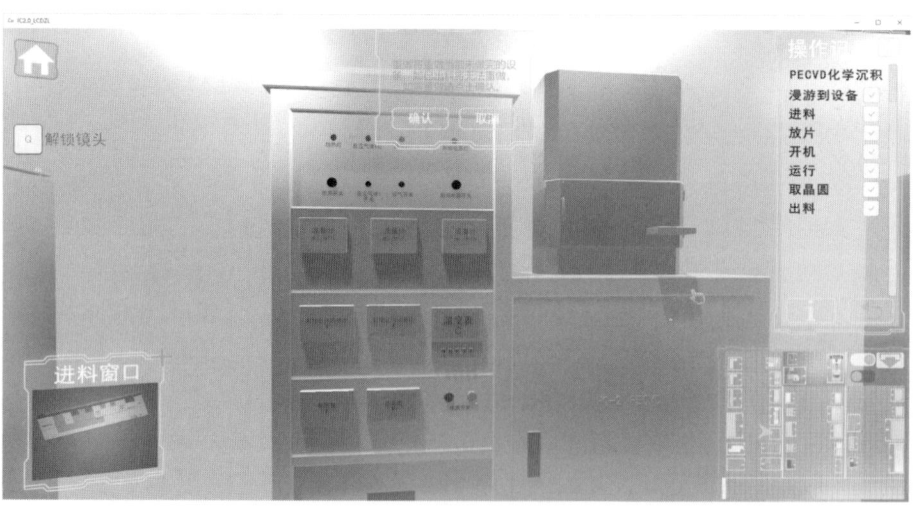

图 3-50　设备操作记录

（2）如图 3-51 所示，设备运行原理动画可暂停、可重播、可关闭，关闭播放窗口后，将自动进入下一步操作。

图 3-51　设备运行原理动画

（3）在生产操作完成后，进料窗口的物料将会有变化，可以点击【 + 】号放大窗口进行查看，如图 3-52 所示。

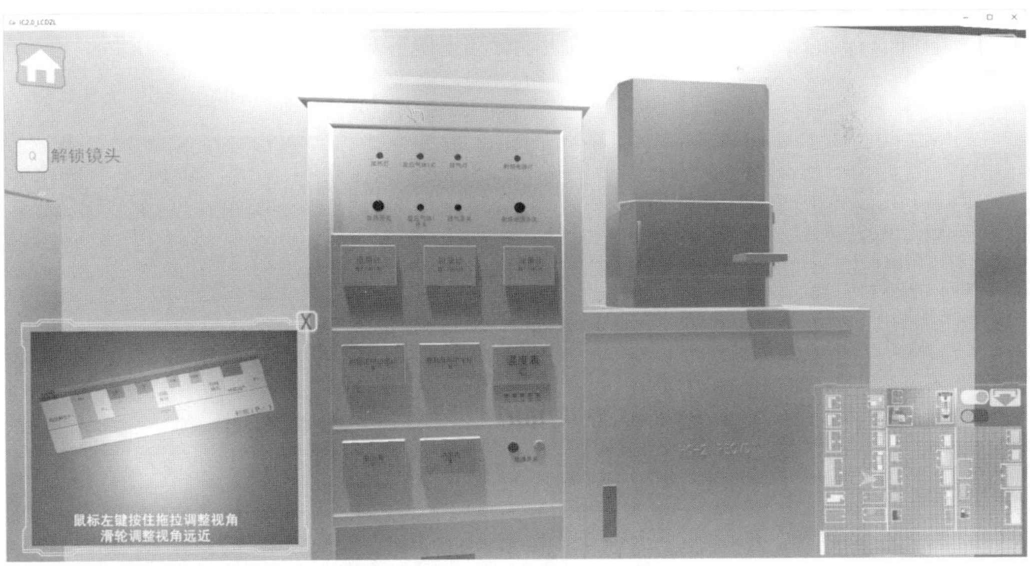

图 3-52　进料窗口放大

3.2.3　实验 3：磁控溅射

如图 3-53 所示，用户点击【实验 3：磁控溅射】可进入磁控溅射学习界面。该界面设有

【磁控溅射原理】、【工艺参数和生产操作】、【磁控溅射设备 VR 操作】三个按钮，点击后可进入对应的学习界面。

图 3-53　磁控溅射主界面

1. 磁控溅射原理

用户点击【磁控溅射原理】按钮，可查看磁控溅射原理相关知识内容。在此界面中，用户可点击界面右侧的【磁控溅射原理】按钮观看知识内容对应视频，如图 3-54 所示。

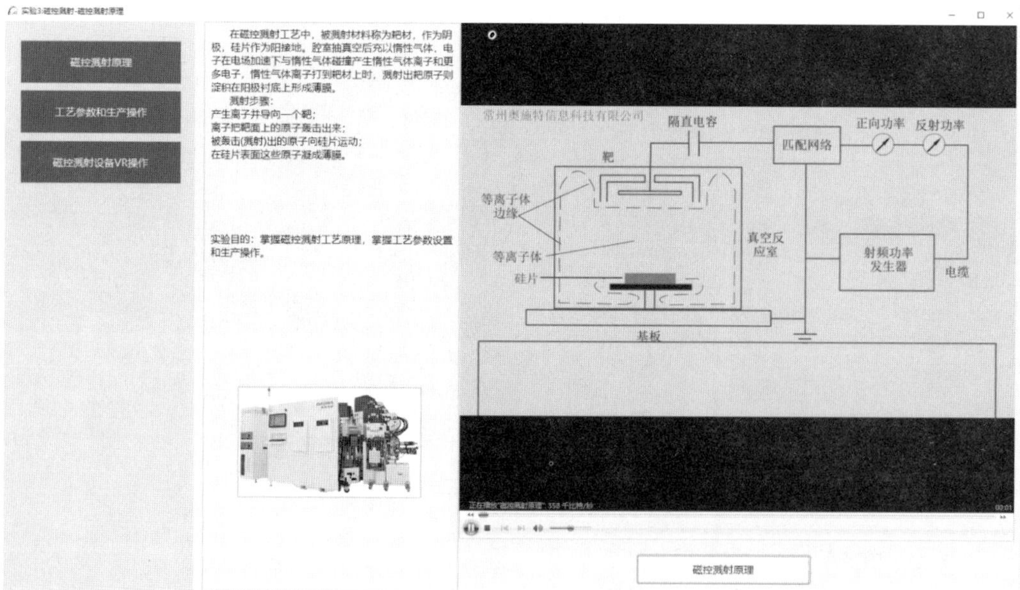

图 3-54　磁控溅射原理界面

2. 工艺参数和生产操作

如图 3-55 所示，用户点击【工艺参数和生产操作】可进入磁控溅射工艺参数设计及生产操作界面，用户需要在器件工艺要求与磁控溅射机参数设置中选择正确的参数，点击【实验数据】可查看所选择的工艺参数正确与否；在界面右侧可点击【磁控溅射实验操作】与【磁控溅射机自动化生产】分别观看知识内容对应视频。

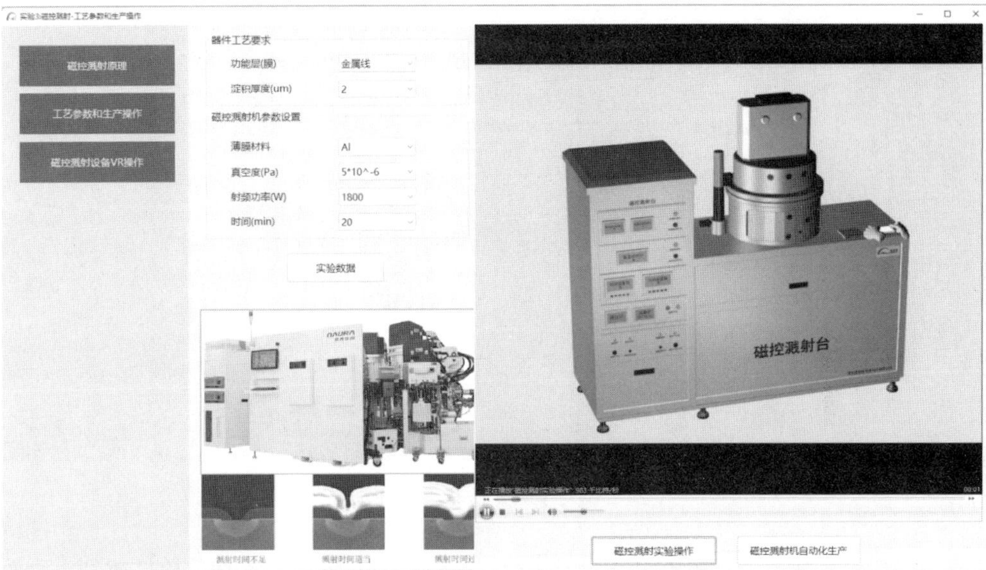

图 3-55　磁控溅射工艺参数和生产操作界面

备注：正确的参数设置可在规则库中查看，如图 3-56 所示。

图 3-56　规则库答案

3. 磁控溅射设备 VR 操作

如图 3-57 所示，用户点击【磁控溅射设备 VR 操作】可进入 VR 虚仿软件。

图 3-57　VR 虚仿软件主界面

在此实验中，用户需点击【进入场景】，选择【单台设备操作】，在菜单栏找到【磁控溅射台】，点击【磁控溅射台】即可进入磁控溅射设备 VR 操作界面。界面右侧设有操作记录栏，用户需根据操作记录栏的提示进行实验操作，如图 3-58 所示。

图 3-58　磁控溅射台 VR 操作界面

操作流程：

第一步：按下【Q】键解锁镜头，使用 W、A、S、D 键自由移动人物进入更衣室；通过鼠标点击穿上防护服，如图 3-59 所示。

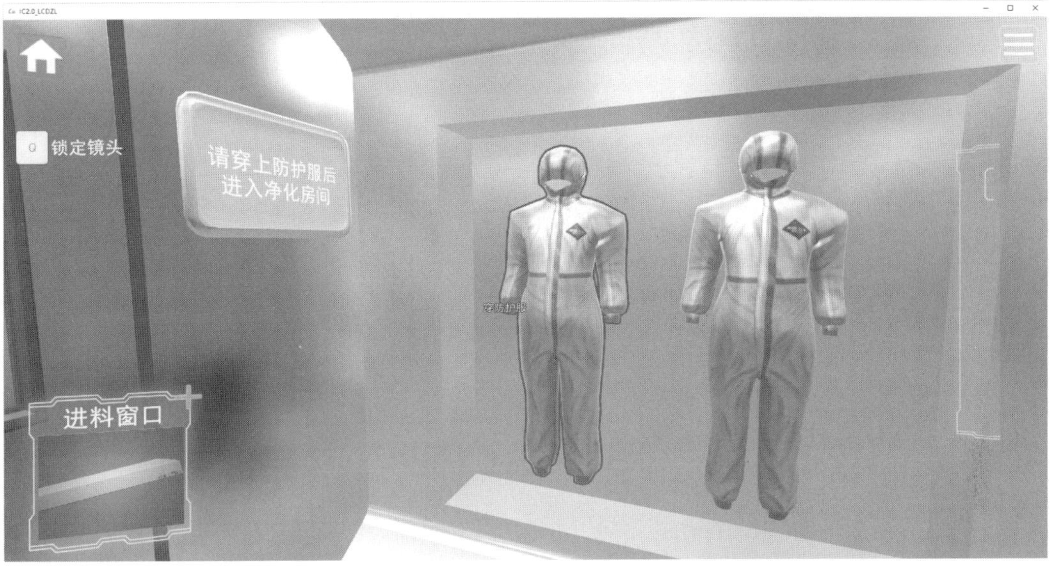

图 3-59　更衣室场景

第二步：进入净化房间等待除尘除静电，除尘除静电完毕后自由移动走出房间，进入生产车间，如图 3-60 所示。

图 3-60　净化房间场景

第三步：进入生产车间后，可打开界面右下角小地图，找到磁控溅射台，可开启导航或自动巡航按钮，移动到磁控溅射台设备前，如图 3-61 所示。

图 3-61　车间入口场景

第四步：移动至磁控溅射台前，按下【E】键控制当前设备，随后按下【Q】键锁定镜头，即可开始生产操作，如图 3-62 所示。

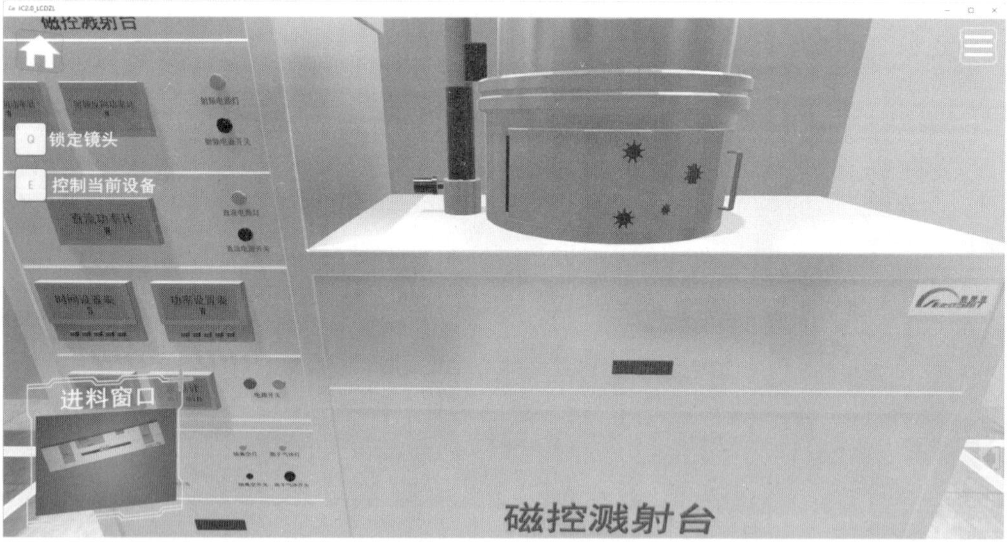

图 3-62　磁控溅射台

第五步：开始生产操作：点击进料窗口的物料→点击上片→点击开门→点击放片→点击关门→点击电源开关（打开）→点击抽真空开关（打开）→点击离子气体开关（打开）→点击加热开关（打开）→点击轴转动开关（打开）→点击直流电源开关（打开）→播放设备运行原理动画→点击电源开关（关闭）→点击开门→操作完成，如图 3-63 所示。

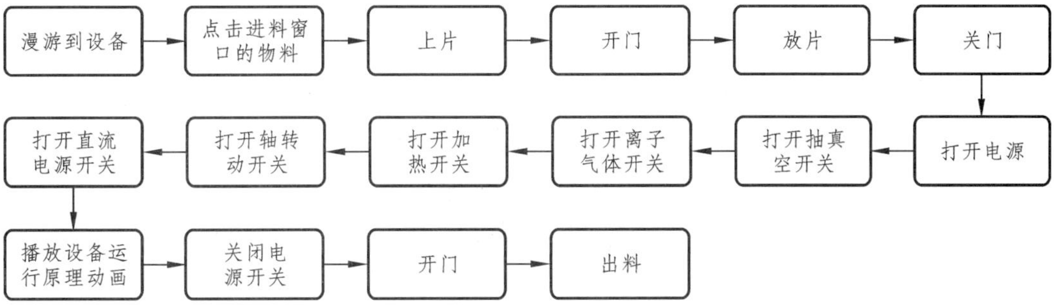

图 3-63　磁控溅射设备 VR 操作流程图

备注：

（1）在操作中，每进行一步，右侧的操作记录将会标记“√”表示完成该步骤；在操作栏点击【重做】按钮，将会重置当前设备所有操作，如图 3-64 所示。

图 3-64　设备操作记录

（2）设备运行原理动画可暂停、可重播、可关闭，关闭播放窗口后，将自动进入下一步操作，如图 3-65 所示。

图 3-65　设备运行原理动画

（3）在生产操作完成后，进料窗口的物料将会有变化，可以点击【 + 】号放大窗口进行查看，如图 3-66 所示。

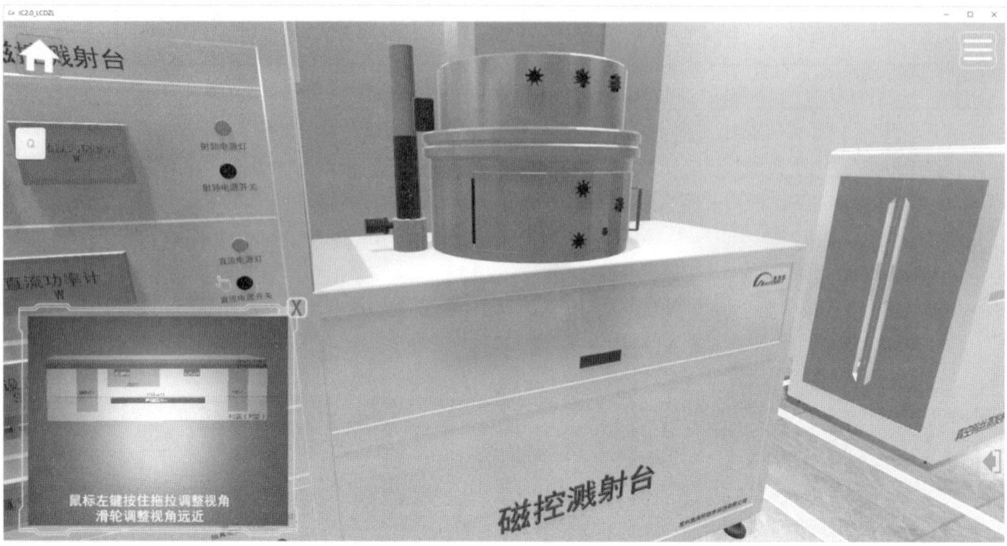

图 3-66　进料窗口放大

3.2.4　实验 4：外延

如图 3-67 所示，用户点击【实验 4：外延】可进入外延学习界面。该界面设有【原理和生产操作】、【工艺参数设置】、【外延设备 VR 操作】三个按钮，点击后可进入对应的学习界面。

图 3-67　外延主界面

1. 原理和生产操作

如图 3-68 所示，用户点击【原理和生产操作】按钮，可查看外延的原理和生产操作相关知识内容。在此界面中，用户可根据自身学习需求，点击【气相外延原理】、【外延实验操作】、【外延自动化生产】三个按钮，分别在界面右侧观看知识内容对应视频。

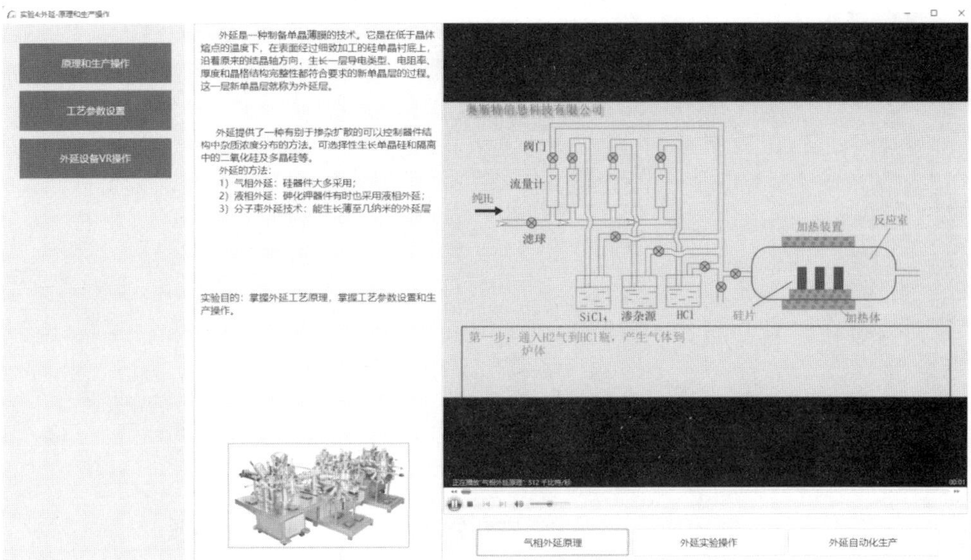

图 3-68　原理和生产操作界面

2. 工艺参数设置

用户点击【工艺参数设置】可进入外延工艺参数设计界面。用户需要在每个工艺流程中选择正确的参数，点击【温度曲线仿真】可在界面右侧查看相应的温度仿真曲线；点击【实验数据】可查看所选择的工艺参数正确与否，如图 3-69 所示。

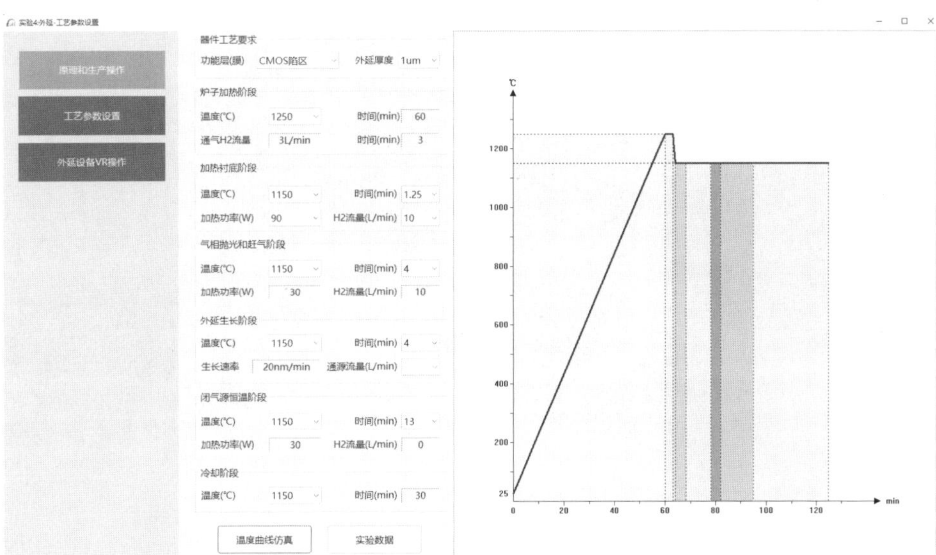

图 3-69　工艺参数设置界面

备注：正确的参数设置可在规则库中查看，如图 3-70 所示。

规则库

项目列表

序号	项目	重点要求
1	实验1	热氧化工艺
2	实验2	等离子化学淀积
3	实验3	磁控溅射
4	实验4	外延
5	实验5	涂胶前烘
6	实验6	光学曝光
7	实验7	显影后烘
8	实验8	反应离子刻蚀
9	实验9	溶剂去胶
10	实验10	液态源扩散
11	实验11	离子注入掺杂
12	工程1	阵列工艺流程设计
13	实验12	阵列PECVD工艺
14	实验13	阵列磁控溅射工艺
15	工程2	阵列光刻工艺
16	实验14	阵列刻蚀工艺
17	工程3	阵列VR车间生产操作
18	工程4	彩膜工艺流程设计
19	工程5	彩膜工艺参数设计
20	工程6	彩膜VR车间生产操作
21	工程7	成盒工艺流程设计
22	实验15	取向工艺
23	实验16	涂履工艺
24	工程8	成盒VR车间生产操作

规则库

序号	项目	正确答案
1	气相外延原理	1
2	外延实验操作	1
3	外延自动化生产	1
4	功能层	NPN埋层|CMOS陷区|Drive场隔离区|HEMT台面
5	外延厚度	1um|1um|4um|25nm
6	炉子加热温度(℃)	1150
7	衬底加热温度(℃)	1150
8	衬底加热时间(min)	3
9	衬底加热功率(w)	30
10	衬底加热H2流量(L/min)	10
11	气相抛光和赶气炉子温度(℃)	1150
12	气相抛光和赶气时间(min)	13
13	外延生长炉子温度(℃)	1250
14	外延生长时间(min)	50|50|200|1.25
15	外延生长H2流量(L/min)	10
16	闭气源恒温炉子温度(℃)	1150
17	闭气源恒温时间(min)	4
18	冷却炉子温度(℃)	300
19	漫游到设备	1
20	进料	1
21	放片	1
22	开机	1
23	运行	1
24	出料	1

图 3-70　规则库答案截图

3. 外延设备 VR 操作

用户点击【外延设备 VR 操作】可进入 VR 虚仿软件，如图 3-71 所示。

图 3-71　VR 虚仿软件主界面

在此实验中，用户需点击【进入场景】，选择【单台设备操作】，在菜单栏找到【外延炉】，点击【外延炉】即可进入外延设备 VR 操作界面。界面右侧设有操作记录栏，用户需根据操作记录栏的提示进行实验操作，如图 3-72 所示。

图 3-72　外延炉 VR 操作界面

操作流程：

第一步：按下【Q】键解锁镜头，使用 W、A、S、D 键自由移动人物进入更衣室；通过鼠标点击穿上防护服，如图 3-73 所示。

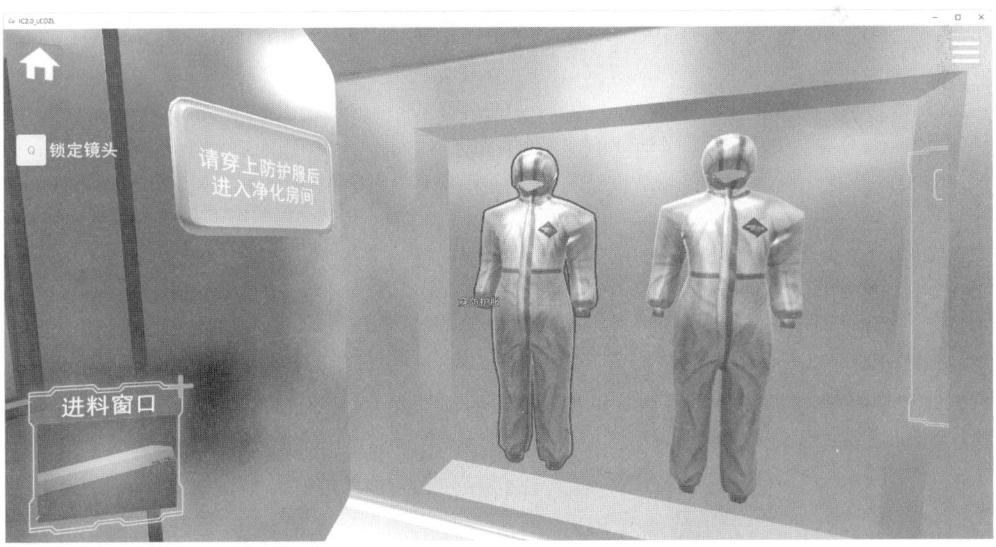

图 3-73　更衣室场景

第二步：进入净化房间等待除尘除静电，除尘除静电完毕后自由移动走出房间，进入生产车间，如图 3-74 所示。

图 3-74　净化房间场景

第三步：进入生产车间后，可打开界面右下角小地图，找到外延炉，可开启导航或自动巡航按钮，移动到外延炉设备前，如图 3-75 所示。

图 3-75　车间入口场景

第四步：移动至外延炉前，按下【E】键控制当前设备，随后按下【Q】键锁定镜头，即可开始生产操作，如图 3-76 所示。

第五步：开始生产操作：点击进料窗口的物料→点击上片→点击炉门（打开）→点击上料→点击炉门（关闭）→点击电源开关（打开）→点击加热开关（打开）→点击气体开关（打开）→点击排气开关（打开）→播放设备运行原理动画→点击加热开关（关闭）→点击气体开关（关闭）→点击排气开关（关闭）→点击电源开关（关闭）→点击下料→操作完成，如图 3-77 所示。

图 3-76　外延炉

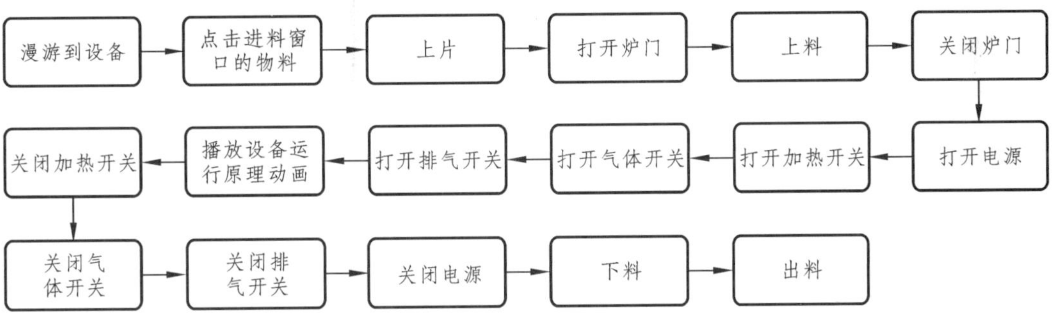

图 3-77　外延设备 VR 操作流程图

备注：

（1）如图 3-78 所示，在操作中，每进行一步，右侧的操作记录将会标记“√”表示完成该步骤；在操作栏点击【重做】按钮，将会重置当前设备所有操作。

图 3-78　设备操作记录

（2）设备运行原理动画可暂停、可重播、可关闭，关闭播放窗口后，将自动进入下一步操作，如图 3-79 所示。

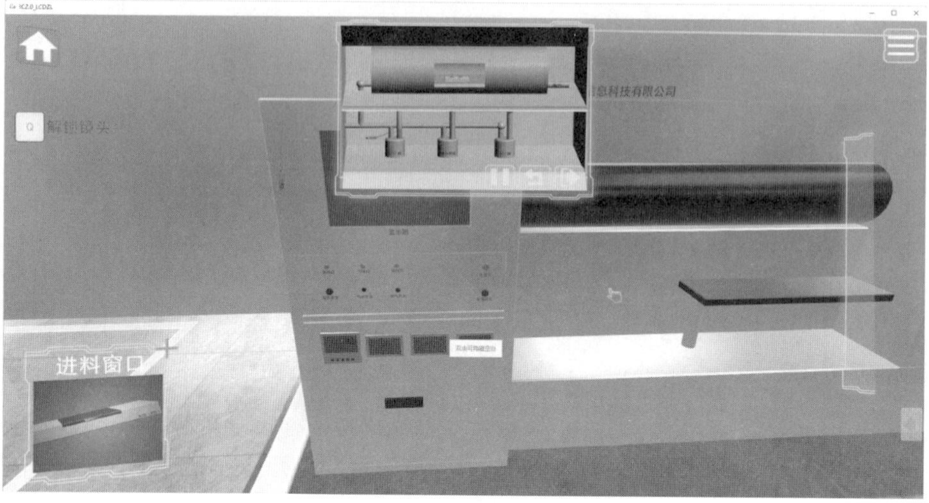

图 3-79　设备运行原理动画

（3）在生产操作完成后，进料窗口的物料将会有变化，可以点击【 + 】号放大窗口进行查看，如图 3-80 所示。

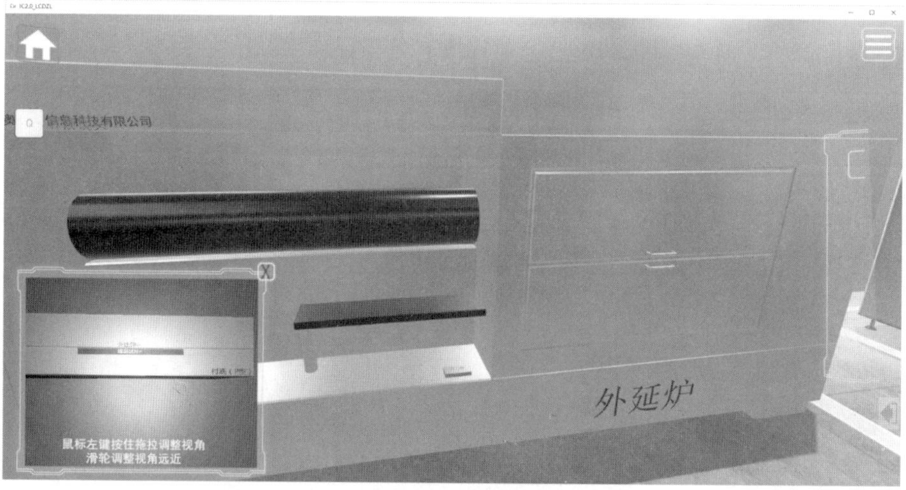

图 3-80　进料窗口放大

3.3　液晶显示器光刻工程

如图 3-81 所示，用户点击【第 1.4 节 光刻工程】按钮可进入光刻工程的学习主界面。光刻工程的实践操作共有 5 个实验，分别为：【实验 5：涂胶前烘】、【实验 6：光学曝光】、【实验 7：显影后烘】、【实验 8：反离子刻蚀】、【实验 9：溶剂去胶】。

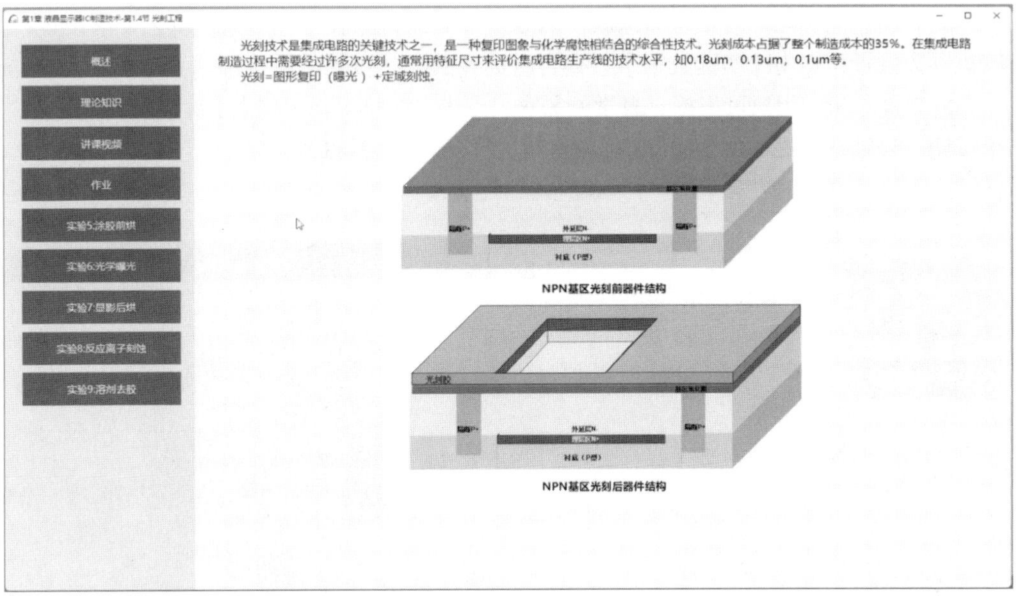

图 3-81　光刻工程主界面

3.3.1　实验 5：涂胶前烘

如图 3-82 所示，用户点击【实验 5：涂胶前烘】可进入涂胶前烘学习界面。该界面设有【涂胶工艺】、【涂胶设备 VR 操作】、【前烘工艺和操作】三个按钮，点击后可进入对应的学习界面。

图 3-82　涂胶前烘主界面

1. 涂胶工艺

用户点击【涂胶工艺】按钮，可查看涂胶工艺的原理操作和工艺参数相关知识内容。

在此界面左侧，用户可以查看涂胶工艺原理，并进行涂胶工艺的器件工艺要求设置以及涂胶机参数设置，点击【实验数据】可查看所选择的工艺参数正确与否。

在此界面右侧，用户可根据自身学习需求，点击【涂胶实验操作】、【涂胶机自动化生产】两个按钮，分别在界面右侧观看知识内容对应视频，如图 3-83 所示。

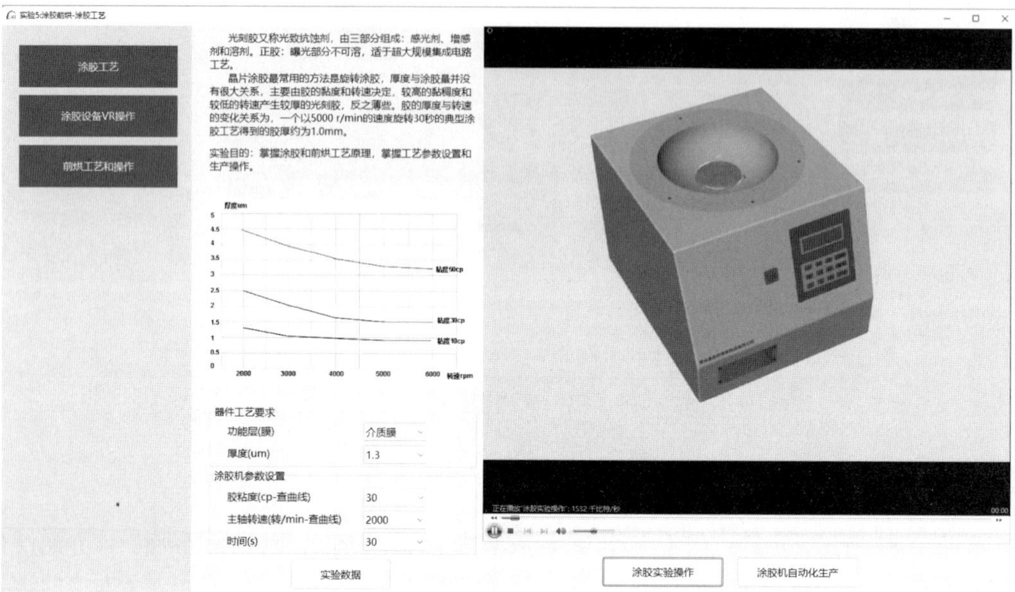

图 3-83　涂胶工艺界面

备注：正确的参数设置可在规则库中查看，如图 3-84 所示。

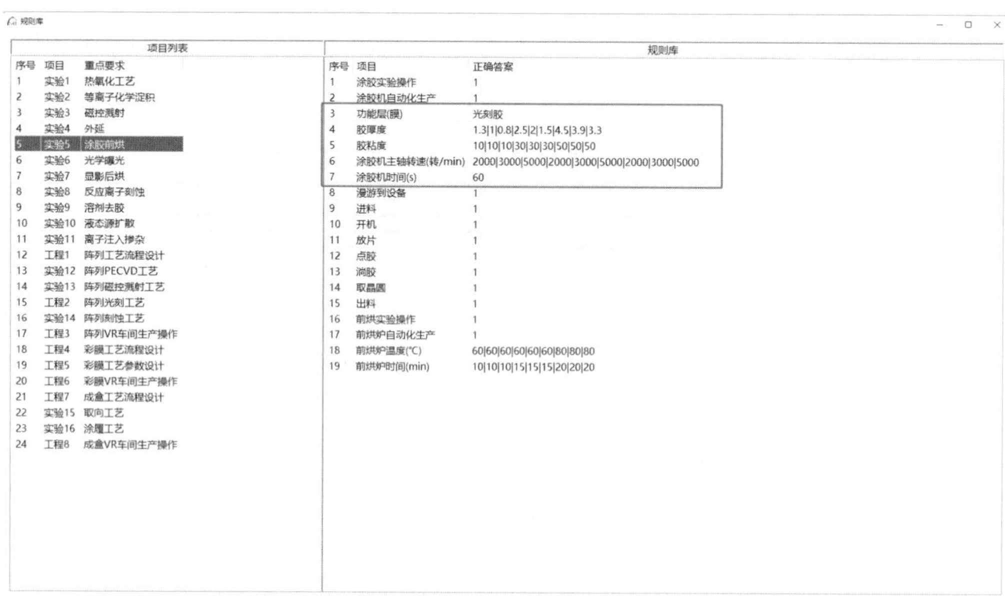

图 3-84　规则库答案截图

2. 涂胶设备 VR 操作

用户点击【涂胶设备 VR 操作】可进入 VR 虚仿软件，如图 3-85 所示。

图 3-85　VR 虚仿软件主界面

在此实验中，用户需点击【进入场景】，选择【单台设备操作】，在菜单栏找到【涂胶机】，点击【涂胶机】即可进入涂胶设备 VR 操作界面。界面右侧设有操作记录栏，用户需根据操作记录栏的提示进行实验操作，如图 3-86 所示。

图 3-86　涂胶机 VR 操作界面

操作流程：

第一步：按下【Q】键解锁镜头，使用 W、A、S、D 键自由移动人物进入更衣室；通过鼠标点击穿上防护服，如图 3-87 所示。

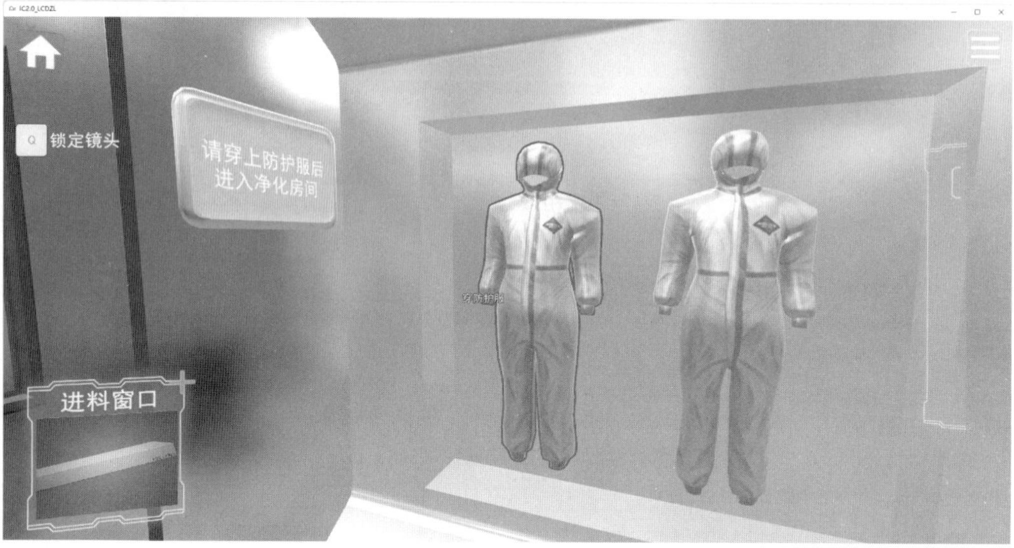

图 3-87　更衣室场景

第二步：进入净化房间等待除尘除静电，除尘除静电完毕后自由移动走出房间，进入生产车间，如图 3-88 所示。

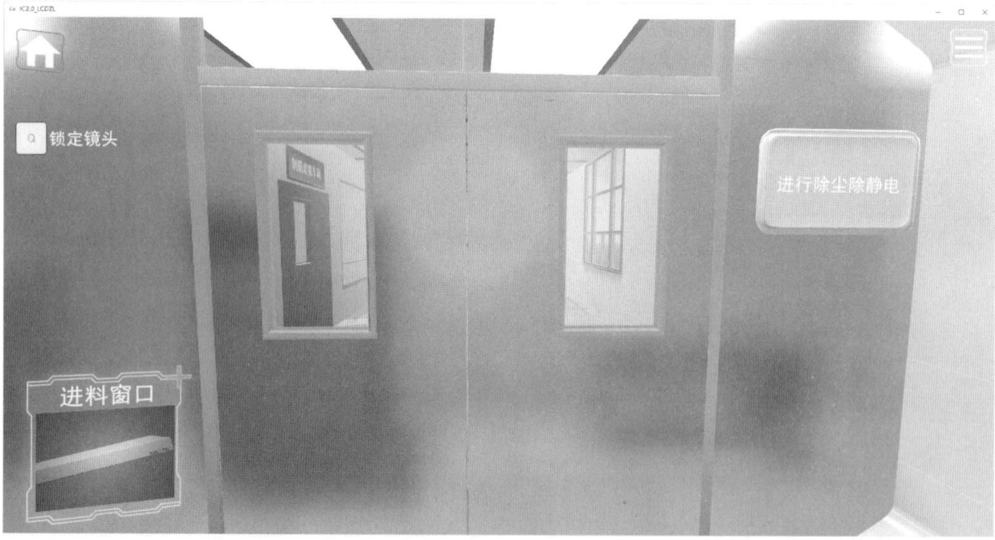

图 3-88　净化房间场景

第三步：进入生产车间后，可打开界面右下角小地图，找到涂胶机，可开启导航或自动巡航按钮，移动到涂胶设备前，如图 3-89 所示。

图 3-89　车间入口场景

第四步：移动至涂胶机前，按下【E】键控制当前设备，随后按下【Q】键锁定镜头，即可开始生产操作，如图 3-90 所示。

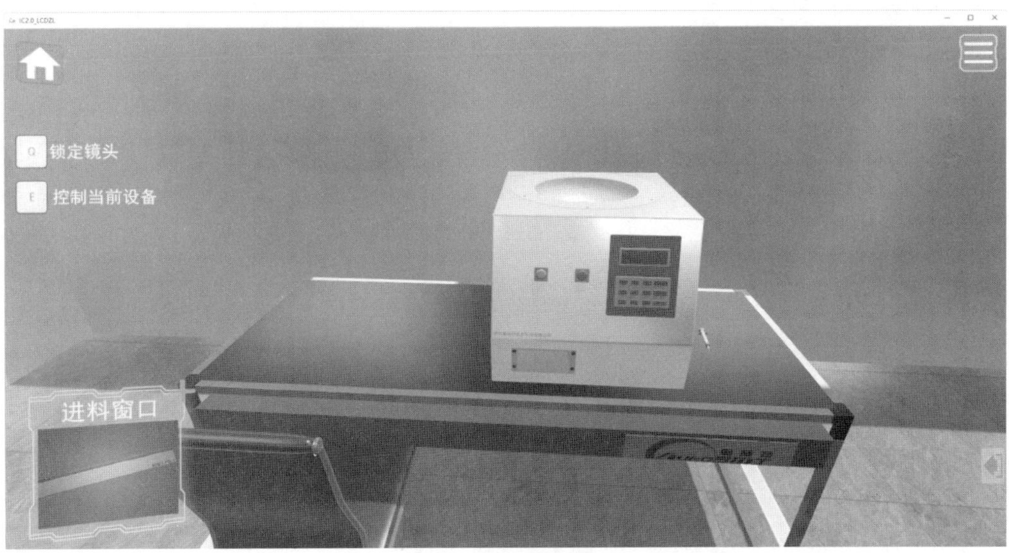

图 3-90　涂胶机

第五步：开始生产操作：点击进料窗口的物料→点击电源（开机）→点击玻璃盖（打开）→点击上料→点击点胶→点击玻璃盖（关闭）→点击运行→点击玻璃盖（打开）→操作完成，如图 3-91 所示。

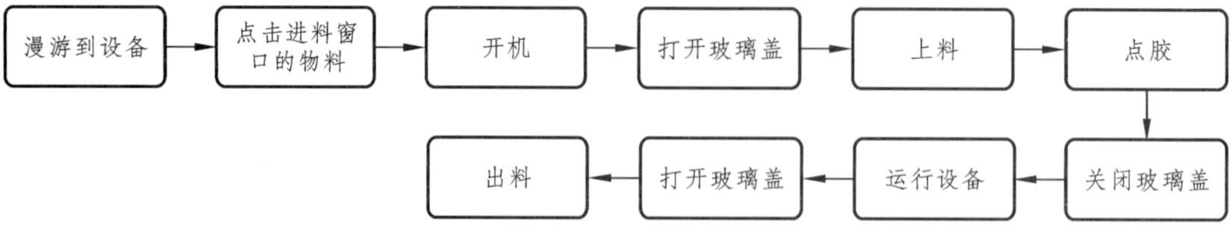

图 3-91　涂胶设备 VR 操作流程图

备注：

（1）如图 3-92 所示，在操作中，每进行一步，右侧的操作记录将会标记“√”表示完成该步骤；在操作栏点击【重做】按钮，将会重置当前设备所有操作。

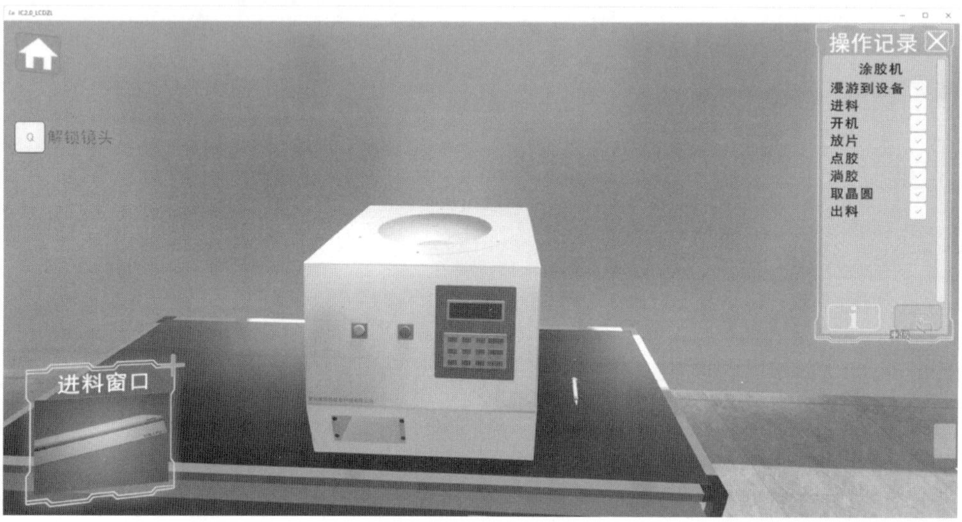

图 3-92　设备操作记录

（2）在生产操作完成后，进料窗口的物料将会有变化，可以点击【 + 】号放大窗口进行查看，如图 3-93 所示。

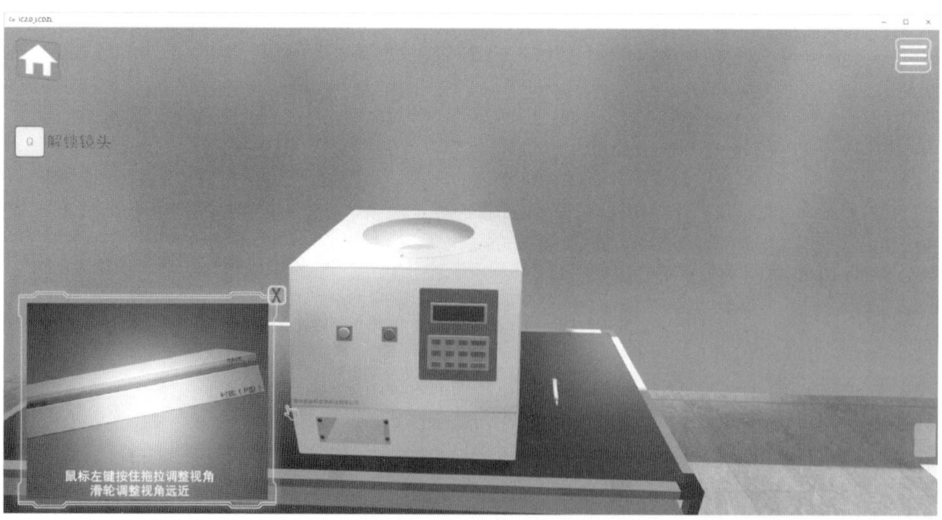

图 3-93　进料窗口放大

3. 前烘工艺和操作

用户点击【前烘工艺和操作】按钮，可查看前烘工艺和操作相关知识内容。

在此界面左侧，用户可以查看前烘原理知识以及进行前烘炉的参数设置，点击【实验数据】可查看所选择的工艺参数正确与否。

在此界面右侧，用户可根据自身学习需求，点击【前烘实验操作】、【前烘炉自动化生产】两个按钮，分别在界面右侧观看知识内容对应视频，如图 3-94 所示。

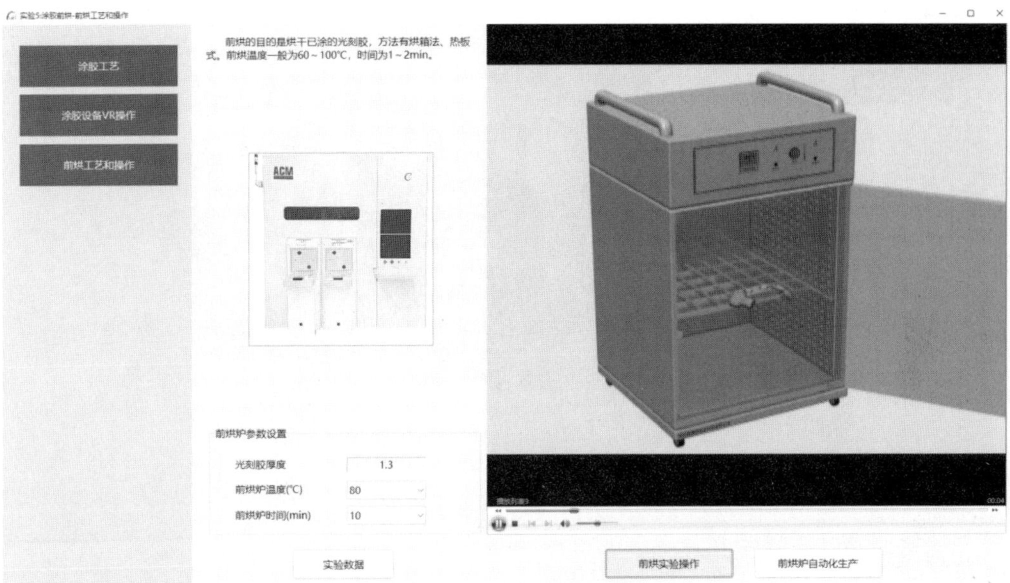

图 3-94　前烘工艺和操作界面

备注：正确的参数设置可在规则库中查看，如图 3-95 所示。

图 3-95　规则库答案截图

3.3.2 实验 6：光学曝光

如图 3-96 所示，用户点击【实验 6：光学曝光】可进入光学曝光学习界面。该界面设有【光学曝光原理和生产操作】、【光学曝光设备 VR 操作】、【曝光工艺参数和缺陷分析】三个按钮，点击后可进入对应的学习界面。

图 3-96　光学曝光主界面

1. 光学曝光原理和生产操作

用户点击【光学曝光原理和生产操作】按钮，可查看光学曝光原理和生产操作的相关知识内容。在此界面中，用户可根据自身学习需求，点击【光学曝光原理】、【光学曝光实验操作】、【光学曝光自动化生产】三个按钮，分别在界面右侧观看知识内容对应视频，如图 3-97 所示。

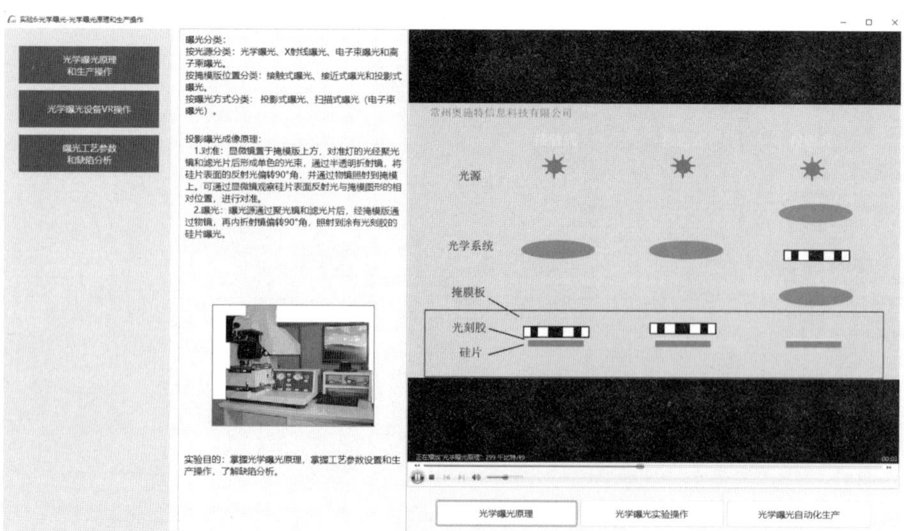

图 3-97　光学曝光原理和生产操作界面

2. 光学曝光设备 VR 操作

用户点击【光学曝光设备 VR 操作】可进入 VR 虚仿软件，如图 3-98 所示。

图 3-98　VR 虚仿软件主界面

在此实验中，用户需点击【进入场景】，选择【单台设备操作】，在菜单栏找到【光学曝光机】，点击【光学曝光机】即可进入光学曝光设备 VR 操作界面。界面右侧设有操作记录栏，用户需根据操作记录栏的提示进行实验操作，如图 3-99 所示。

图 3-99　光学曝光机 VR 操作界面

操作流程：

第一步：按下【Q】键解锁镜头，使用 W、A、S、D 键自由移动人物进入更衣室；通过鼠标点击穿上防护服，如图 3-100 所示。

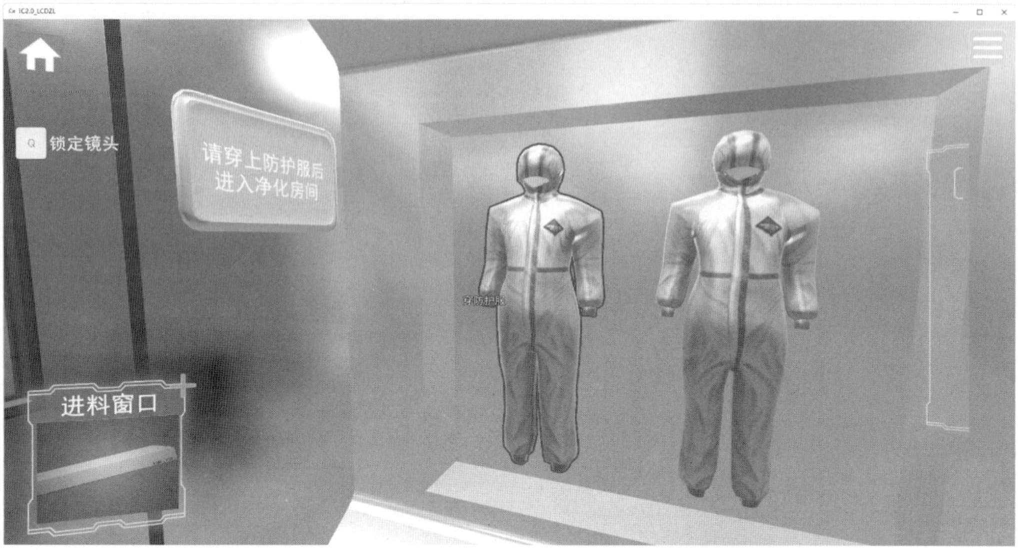

图 3-100　更衣室场景

第二步：进入净化房间等待除尘除静电，除尘除静电完毕后自由移动走出房间，进入生产车间，如图 3-101 所示。

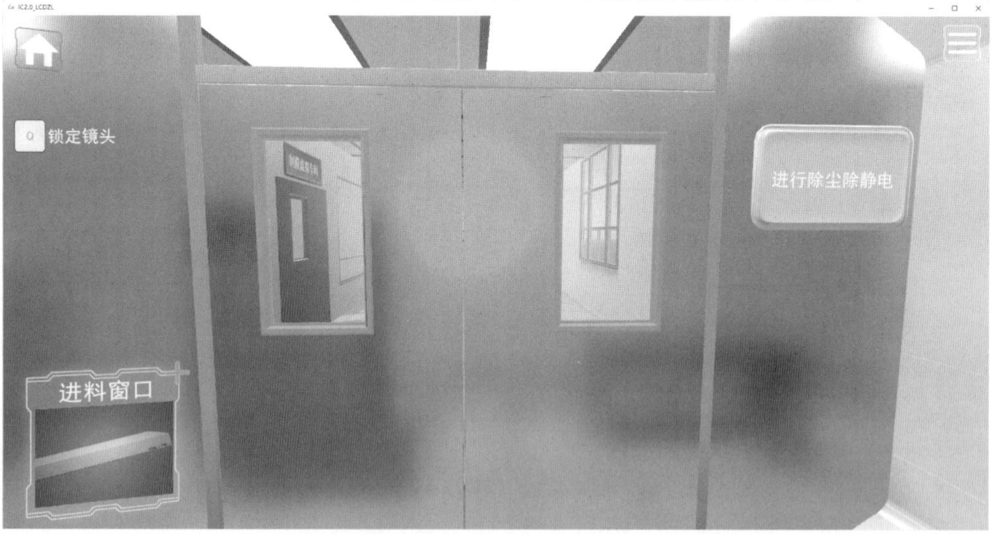

图 3-101　净化房间场景

第三步：进入生产车间后，可打开界面右下角小地图，找到光学曝光机，可开启导航或自动巡航按钮，移动到光学曝光设备前，如图 3-102 所示。

图 3-102　车间入口场景

第四步：移动至光学曝光机前，按下【E】键控制当前设备，随后按下【Q】键锁定镜头，即可开始生产操作，如图 3-103 所示。

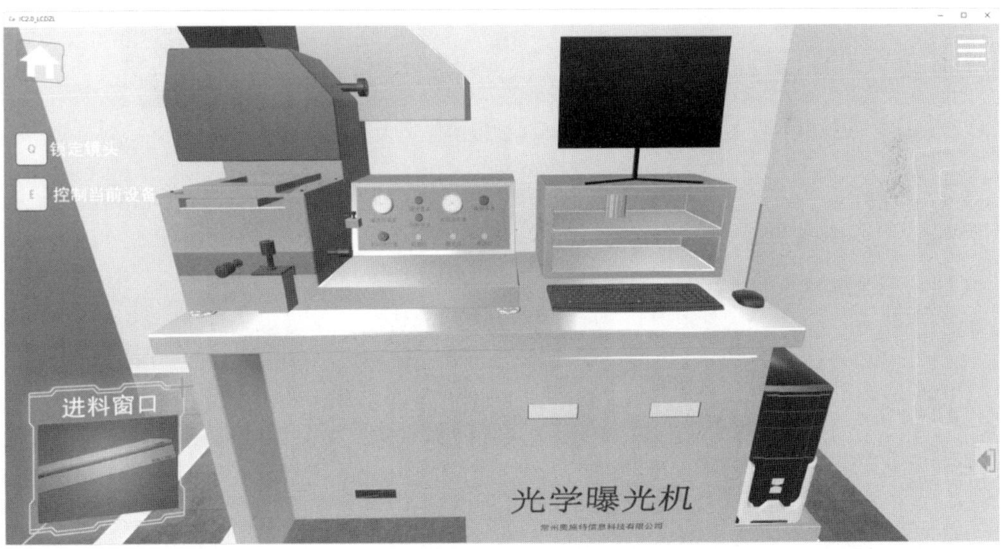

图 3-103　光学曝光机

第五步：开始生产操作：点击进料窗口的物料→点击电源开关（打开）→点击照明开关（打开）→点击上料→进行对准操作（调整 X 轴）→进行对准操作（调整 Y 轴）→点击曝光开关（打开）→播放设备运行原理动画→点击晶圆座（出料）→操作完成，如图 3-104 所示。

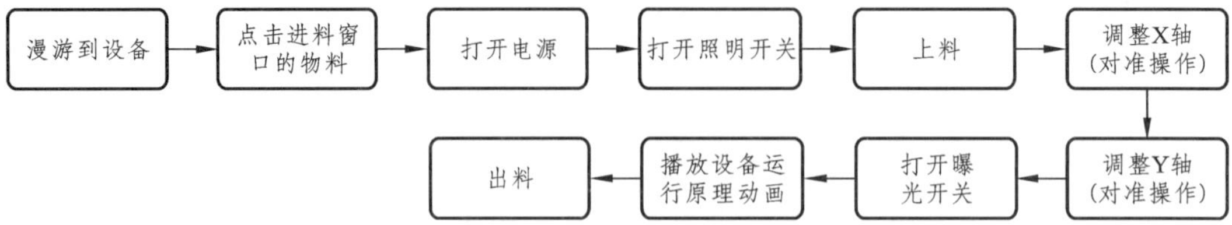

图 3-104　光学曝光设备 VR 操作流程图

备注：

（1）在操作中，每进行一步，右侧的操作记录将会标记“√”表示完成该步骤；在操作栏点击【重做】按钮，将会重置当前设备所有操作，如图 3-105 所示。

图 3-105　设备操作记录

（2）如图 3-106 所示，设备运行原理动画可暂停、可重播、可关闭，关闭播放窗口后，将自动进入下一步操作。

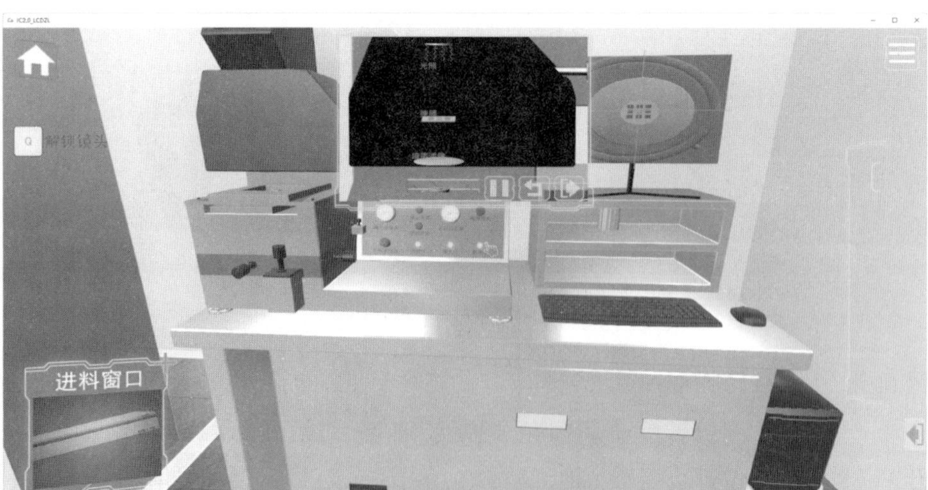

图 3-106　设备运行原理动画

（3）生产操作完成后，进料窗口的物料将会有变化，可以点击【 + 】号放大窗口进行查看，如图 3-107 所示。

图 3-107　进料窗口放大

3. 曝光工艺参数和缺陷分析

用户点击【曝光工艺参数和缺陷分析】可进入曝光工艺参数和缺陷分析界面。

在此界面上半部分，用户需要在器件工艺要求与投影式光学曝光机参数设置中选择正确的参数，点击【实验数据】可查看所选择的工艺参数正确与否。

在此界面下半部分，用户需要在光学曝光缺陷分析中选择每个项目所对应的缺陷现象或原因，点击【实验数据】可查看选择正确与否，如图 3-108 所示。

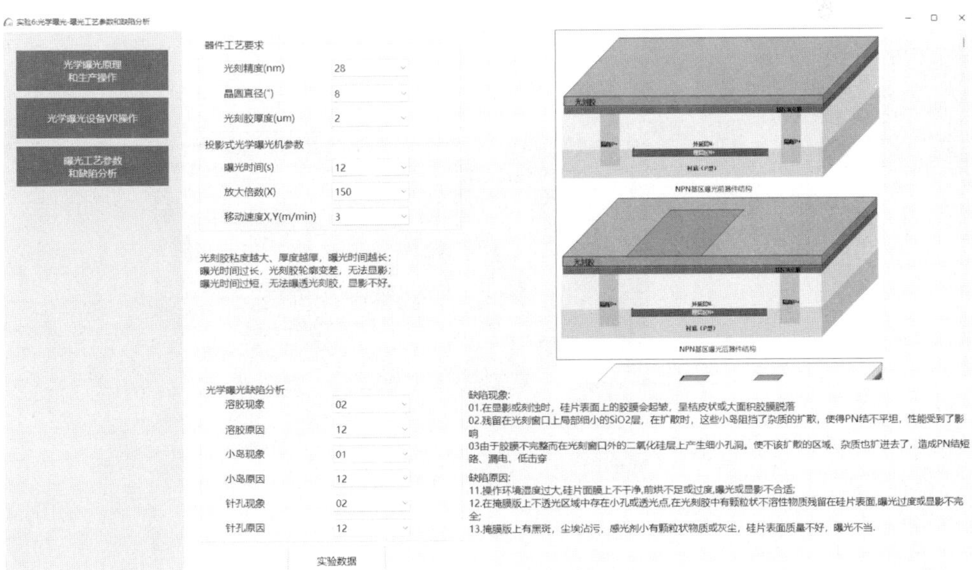

图 3-108　工艺参数设置界面

备注：正确的参数设置可在规则库中查看，如图 3-109 所示。

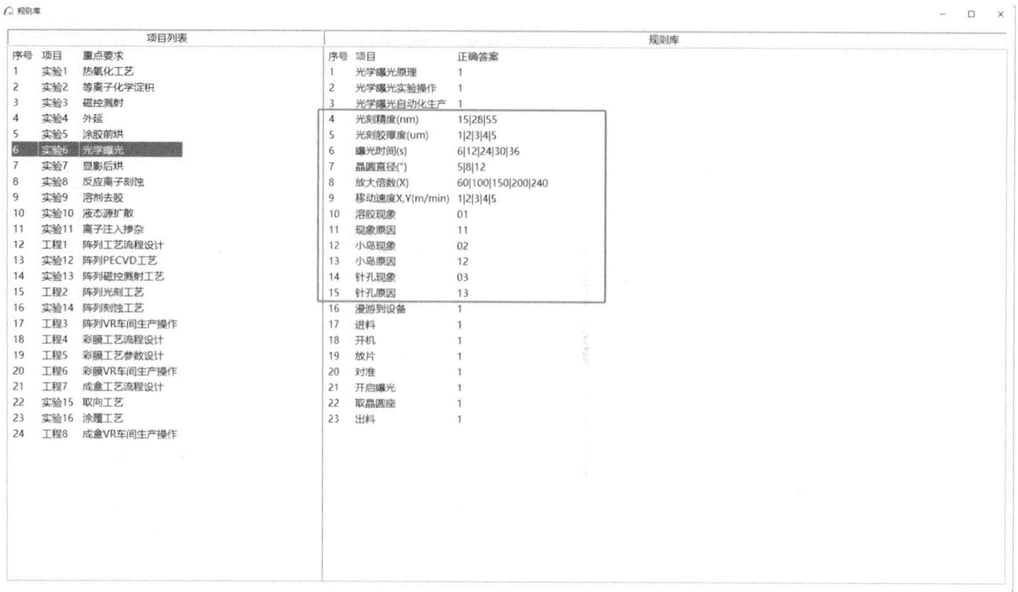

图 3-109　规则库答案截图

3.3.3　实验 7：显影后烘

用户点击【实验 7：显影后烘】可进入显影后烘学习界面。该界面设有【显影工艺】、【显影设备 VR 操作】、【后烘工艺和操作】三个按钮，点击后可进入对应的学习界面，如图 3-110 所示。

图 3-110　显影后烘主界面

1. 显影工艺

用户点击【显影工艺】按钮，可查看显影工艺的原理操作和工艺参数相关知识内容。

在此界面左侧，用户可以查看显影工艺原理，并进行显影工艺的器件工艺要求设置以及显影参数设置，点击【实验数据】可查看所选择的工艺参数正确与否。在此界面右侧，用户可根据自身学习需求，点击【显影实验操作】、【显影机自动化生产】两个按钮，分别在界面右侧观看知识内容对应视频，如图 3-111 所示。

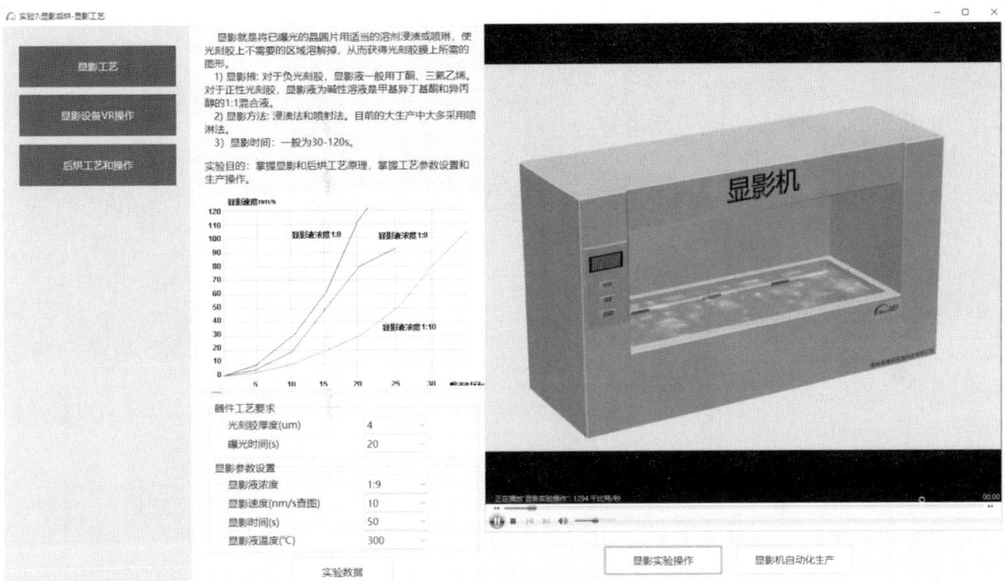

图 3-111　显影工艺界面

备注：正确的参数设置可在规则库中查看，如图 3-112 所示。

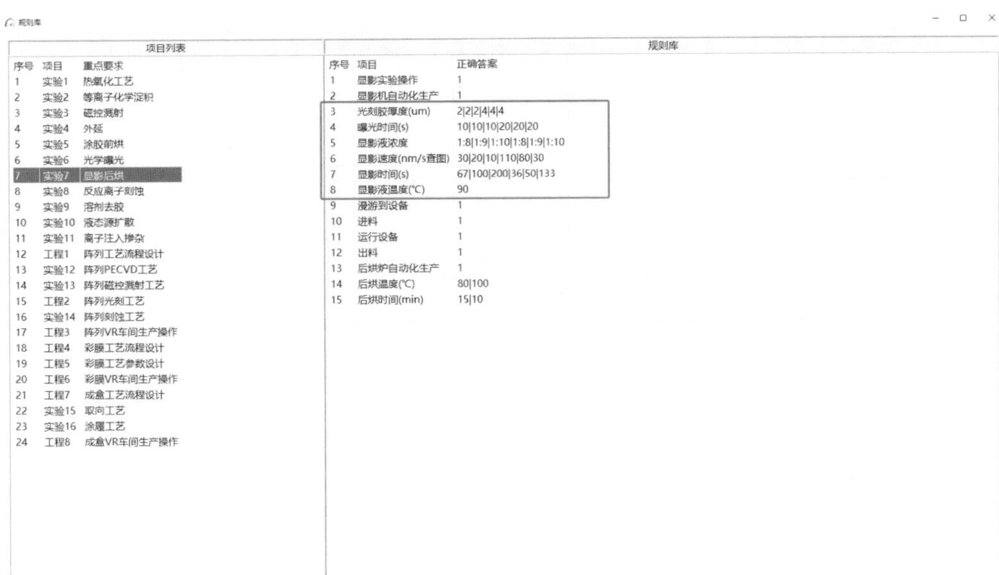

图 3-112　规则库答案截图

2. 显影设备 VR 操作

用户点击【显影设备 VR 操作】可进入 VR 虚仿软件，如图 3-113 所示。

图 3-113　VR 虚仿软件主界面

如图 3-114 所示，在此实验中，用户需点击【进入场景】，选择【单台设备操作】，在菜单栏找到【显影机】，点击【显影机】即可进入显影设备 VR 操作界面。

界面右侧设有操作记录栏，用户需根据操作记录栏的提示进行实验操作。

图 3-114　显影机 VR 操作界面

操作流程：

第一步：按下【Q】键解锁镜头，使用 W、A、S、D 键自由移动人物进入更衣室；通过鼠标点击穿上防护服，如图 3-115 所示。

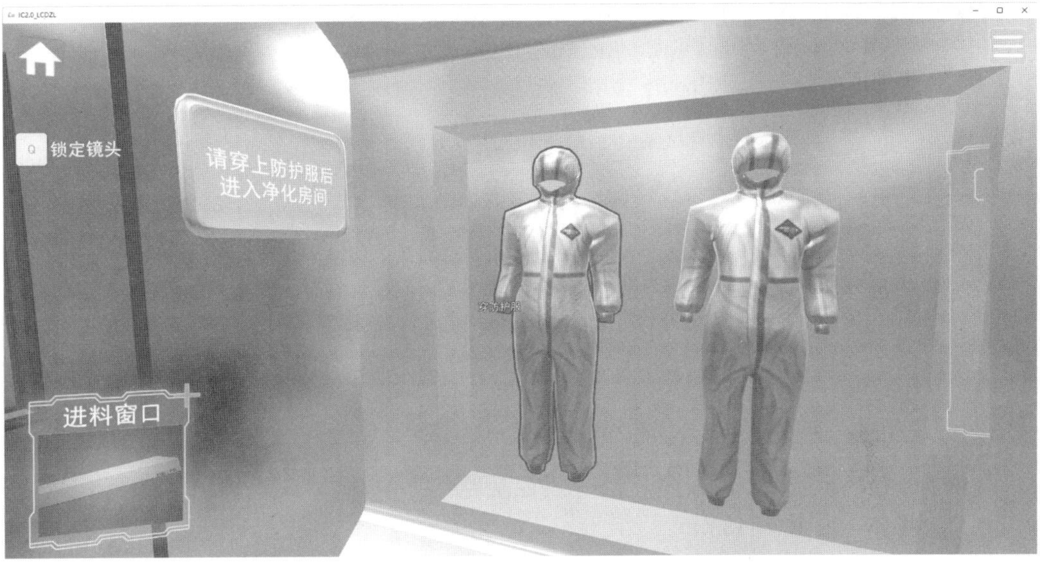

图 3-115　更衣室场景

第二步：进入净化房间等待除尘除静电，除尘除静电完毕后自由移动走出房间，进入生产车间，如图 3-116 所示。

图 3-116　净化房间场景

第三步：进入生产车间后，可打开界面右下角小地图，找到显影机，可开启导航或自动巡航按钮，移动到光学曝光设备前，如图 3-117 所示。

图 3-117　车间入口场景

第四步：移动至显影机前，按下【E】键控制当前设备，随后按下【Q】键锁定镜头，即可开始生产操作，如图 3-118 所示。

图 3-118　显影机

第五步：开始生产操作：点击进料窗口的物料→点击启动按钮→点击取料→操作完成，如图 3-119 所示。

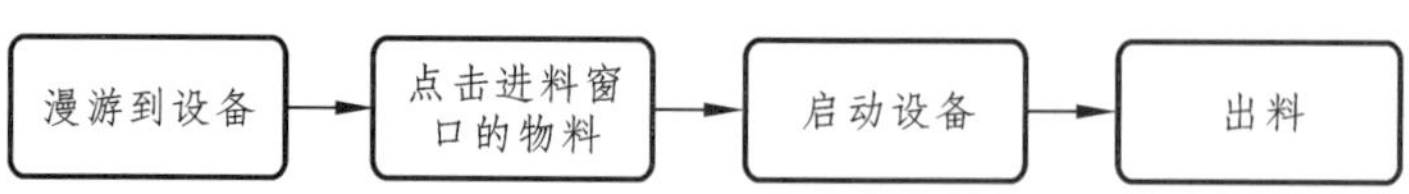

图 3-119　显影设备 VR 操作流程图

备注：

（1）如图 3-120 所示，在操作中，每进行一步，右侧的操作记录将会标记“√”表示完成该步骤；在操作栏点击【重做】按钮，将会重置当前设备所有操作。

图 3-120　设备操作记录

（2）在生产操作完成后，进料窗口的物料将会有变化，可以点击【 + 】号放大窗口进行查看，如图 3-121 所示。

图 3-121　进料窗口放大

3. 后烘工艺和操作

用户点击【后烘工艺和操作】按钮，可查看后烘工艺和操作相关知识内容。

在此界面左侧，用户可以查看后烘原理知识以及进行后烘炉的参数设置，点击【实验数据】可查看所选择的工艺参数正确与否。

在此界面右侧，用户可根据自身学习需求，点击【后烘炉自动化生产】按钮观看对应视频知识内容，如图 3-122 所示。

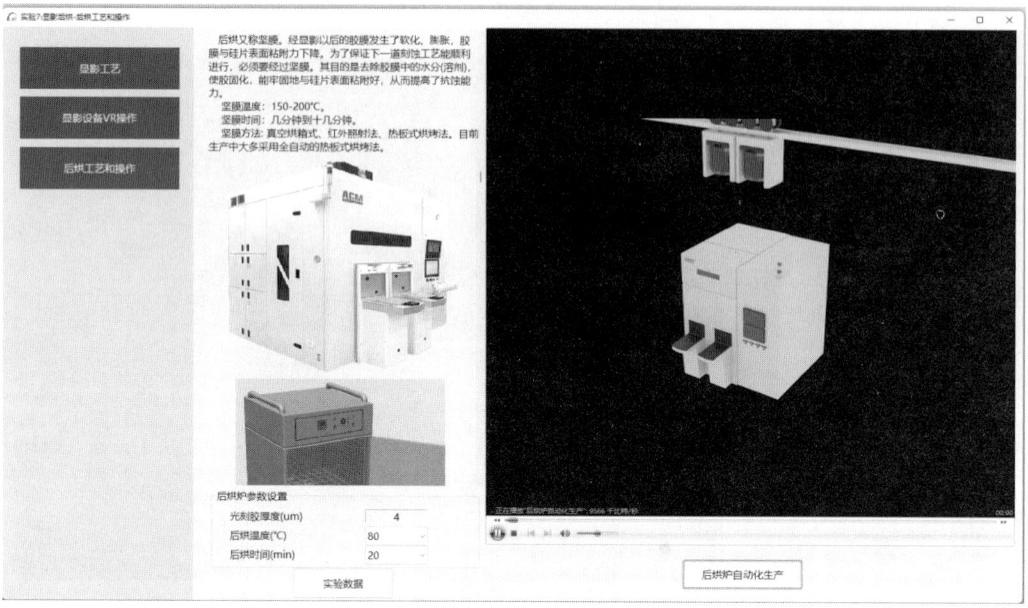

图 3-122　后烘工艺和操作界面

备注：正确的参数设置可在规则库中查看，如图 3-123 所示。

图 3-123　规则库答案截图

3.3.4　实验 8：反应离子刻蚀

用户点击【实验 8：反应离子刻蚀】可进入反离子刻蚀学习界面。该界面设有【反应离子刻蚀原理和操作】、【反应离子刻蚀工艺参数】、【反应离子刻蚀设备 VR 操作】三个按钮，点击后可进入对应的学习界面，如图 3-124 所示。

图 3-124　反应离子刻蚀主界面

1. 反应离子刻蚀原理和操作

如图 3-125 所示，用户点击【反应离子刻蚀原理和操作】按钮，可查看反应离子刻蚀原理和操作的相关知识内容。在此界面中，用户可根据自身学习需求，点击【反应离子刻蚀原理】、【反应离子刻蚀实验操作】、【反应离子刻蚀机自动化生产】三个按钮，分别在界面右侧观看知识内容对应视频。

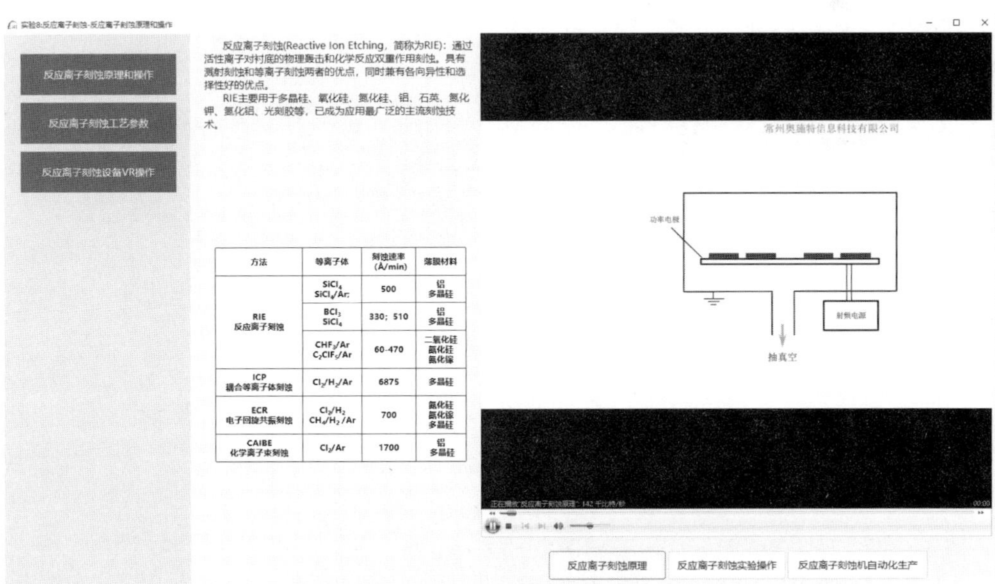

图 3-125　反应离子刻蚀原理和操作界面

2. 反应离子刻蚀工艺参数

用户点击【反应离子刻蚀工艺参数】可进入反应离子刻蚀工艺参数设计界面，用户需要在器件工艺要求与反应离子刻蚀机参数设置中选择正确的参数；点击【实验数据】可查看所选择的工艺参数正确与否，如图 3-126 所示。

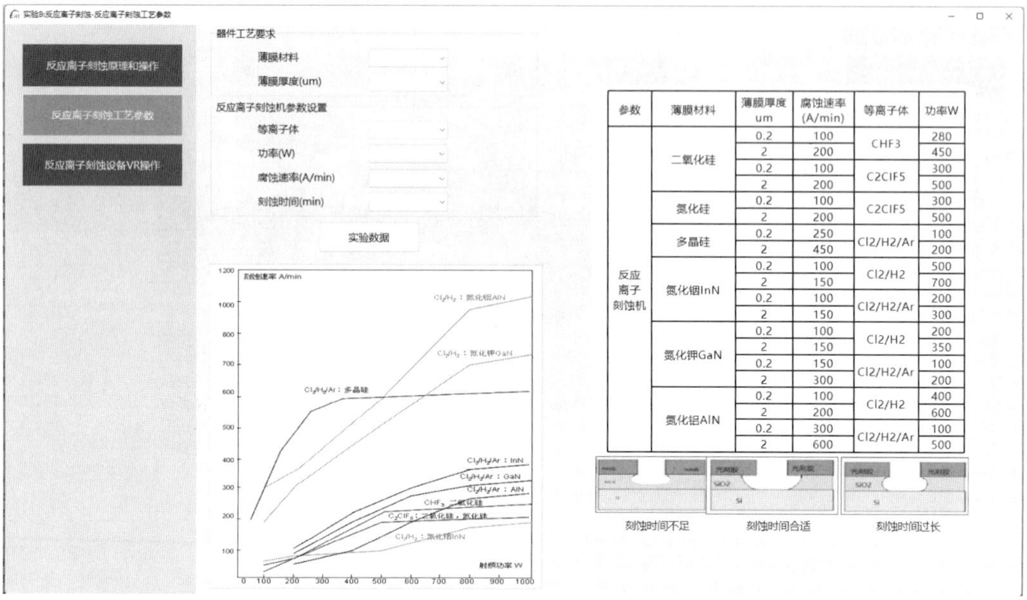

参数	薄膜材料	薄膜厚度 um	腐蚀速率 (A/min)	等离子体	功率W
反应离子刻蚀机	二氧化硅	0.2	100	CHF3	280
		2	200		450
		0.2	100	C2CIF5	300
		2	200		500
	氮化硅	0.2	100	C2CIF5	300
		2	200		500
	多晶硅	0.2	250	Cl2/H2/Ar	100
		2	450		200
	氮化铟InN	0.2	100	Cl2/H2	500
		2	150		700
		0.2	100	Cl2/H2/Ar	200
		2	150		300
	氮化钾GaN	0.2	100	Cl2/H2	200
		2	150		350
		0.2	150	Cl2/H2/Ar	100
		2	300		200
	氮化铝AlN	0.2	100	Cl2/H2	400
		2	200		600
		0.2	300	Cl2/H2/Ar	100
		2	600		500

图 3-126　反应离子刻蚀工艺参数设置界面

备注：正确的参数设置可在规则库中查看（若正确答案显示为“规则库”，代表此为新开发内容，正在申请专利，专利申请流程完成后将会开放），如图 3-127 所示。

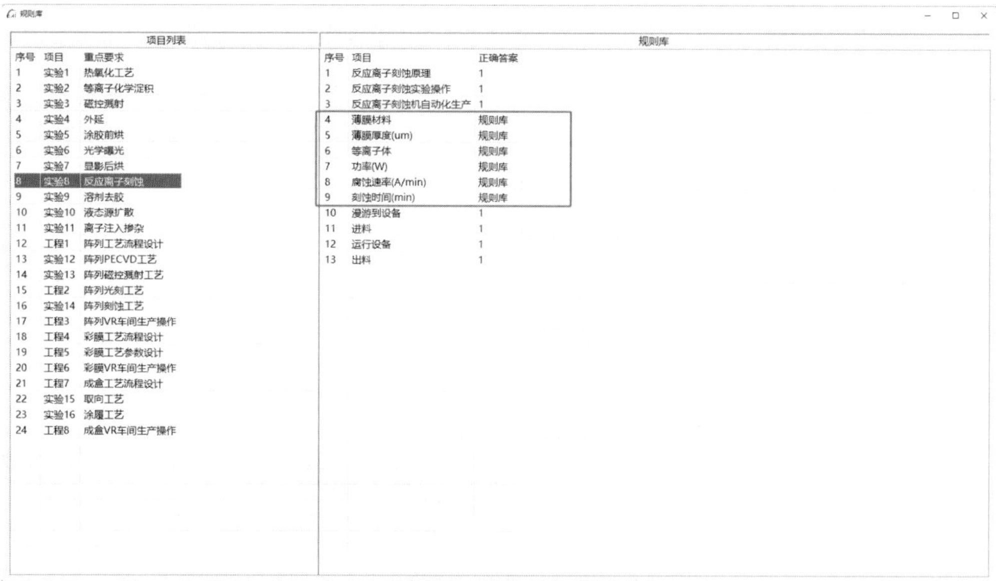

图 3-127　规则库答案截图

3. 反应离子刻蚀设备 VR 操作

用户点击【反应离子刻蚀设备 VR 操作】可进入 VR 虚仿软件，如图 3-128 所示。

图 3-128　VR 虚仿软件主界面

在此实验中，用户需点击【进入场景】，选择【单台设备操作】，在菜单栏找到【反应离子刻蚀机】，点击【反应离子刻蚀机】即可进入反应离子刻蚀设备 VR 操作界面。

界面右侧设有操作记录栏，用户需根据操作记录栏的提示进行实验操作，如图 3-129 所示。

图 3-129　反应离子刻蚀机 VR 操作界面

操作流程：

第一步：按下【Q】键解锁镜头，使用 W、A、S、D 键自由移动人物进入更衣室；通过鼠标点击穿上防护服，如图 3-130 所示。

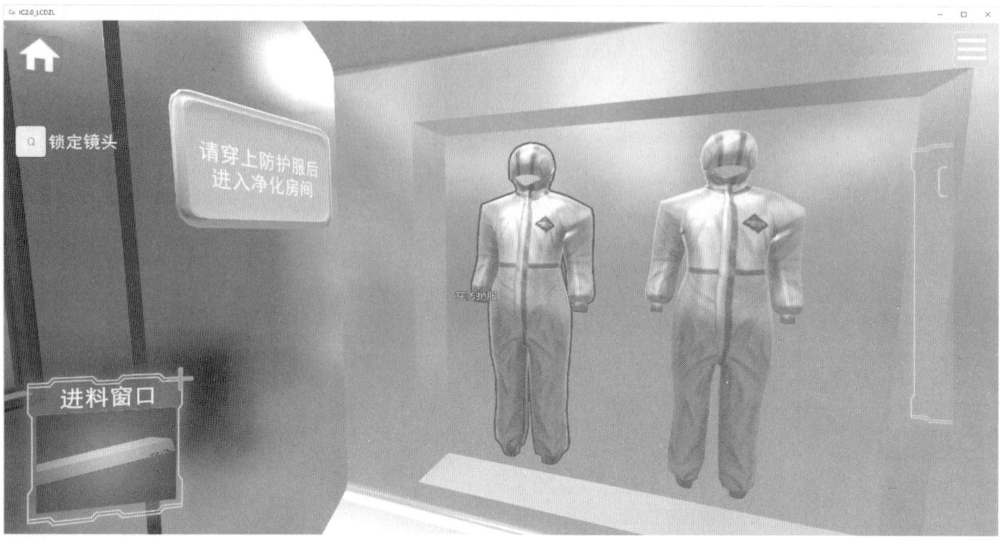

图 3-130　更衣室场景

第二步：进入净化房间等待除尘除静电，除尘除静电完毕后自由移动走出房间，进入生产车间，如图 3-131 所示。

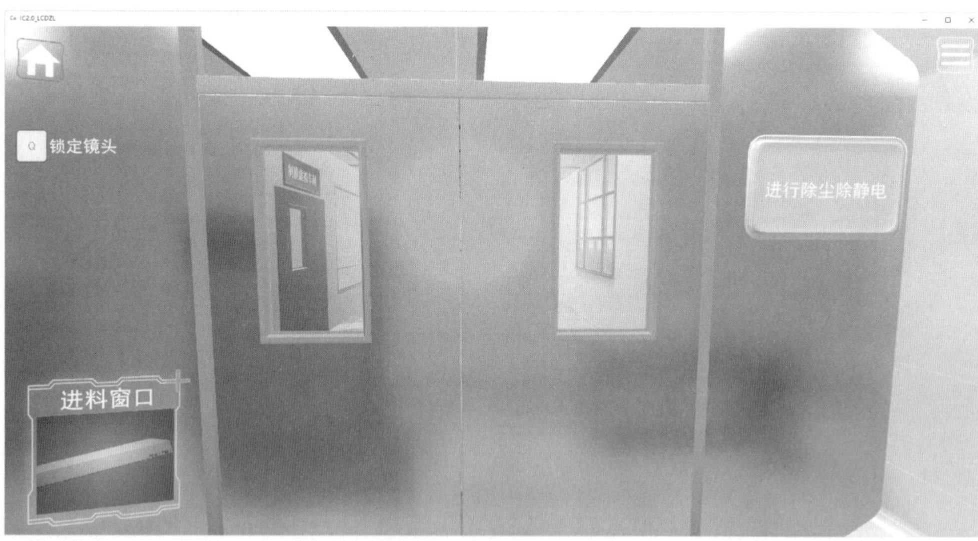

图 3-131　净化房间场景

第三步：进入生产车间后，可打开界面右下角小地图，找到反应离子刻蚀机，可开启导航或自动巡航按钮，移动到反应离子刻蚀设备前，如图 3-132 所示。

图 3-132　车间入口场景

第四步：移动至反应离子刻蚀机前，按下【E】键控制当前设备，随后按下【Q】键锁定镜头，即可开始生产操作，如图 3-133 所示。

图 3-133　反应离子刻蚀机

第五步：开始生产操作：点击进料窗口的物料→点击开门→点击关门→点击总开关（打开）→点击氮气开关（打开）→点击加热开关（打开）→点击等离子体开关（打开）→播放设备运行原理动画→点击等离子体开关（关闭）→点击加热开关（关闭）→点击氮气开关（关闭）→点击总开关（关闭）→点击开门→操作完成，如图 3-134 所示。

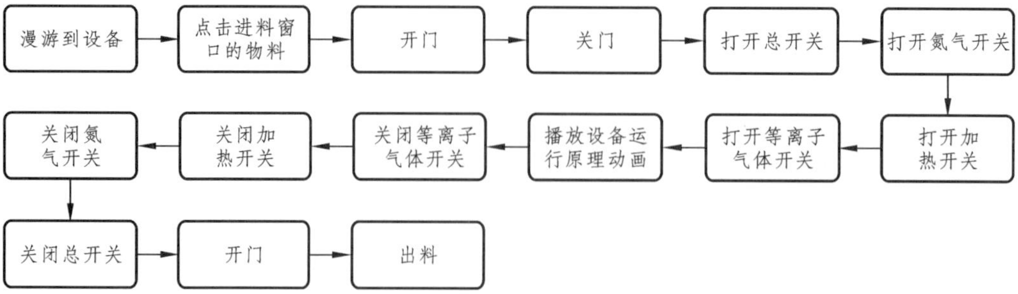

图 3-134　反应离子刻蚀设备 VR 操作流程图

备注：

（1）如图 3-135 所示，在操作中，每进行一步，右侧的操作记录将会标记“√”表示完成该步骤；在操作栏点击【重做】按钮，将会重置当前设备所有操作。

图 3-135　设备操作记录

（2）设备运行原理动画可暂停、可重播、可关闭，关闭播放窗口后，将自动进入下一步操作，如图 3-136 所示。

图 3-136　设备运行原理动画

（3）在生产操作完成后，进料窗口的物料将会有变化，可以点击【 + 】号放大窗口进行查看，如图 3-137 所示。

图 3-137　进料窗口放大

3.3.5　实验 9：溶剂去胶

用户点击【实验 9：溶剂去胶】可进入显影后烘学习界面。该界面设有【溶剂去胶工艺】、【等离子去胶工艺】、【等离子去胶设备 VR 操作】三个按钮，点击后可进入对应的学习界面，如图 3-138 所示。

图 3-138　溶剂去胶主界面

1. 溶剂去胶工艺

用户点击【溶剂去胶工艺】按钮，可查看溶剂去胶工艺的原理操作和工艺参数相关知识内容。

在此界面左侧，用户可以查看溶剂去胶工艺原理，并进行溶剂去胶工艺的器件工艺要求参数设置，点击【实验数据】可查看所选择的工艺参数正确与否。

在此界面右侧，用户可根据自身学习需求，点击【溶剂去胶机自动化生产】按钮观看知识内容对应视频，如图 3-139 所示。

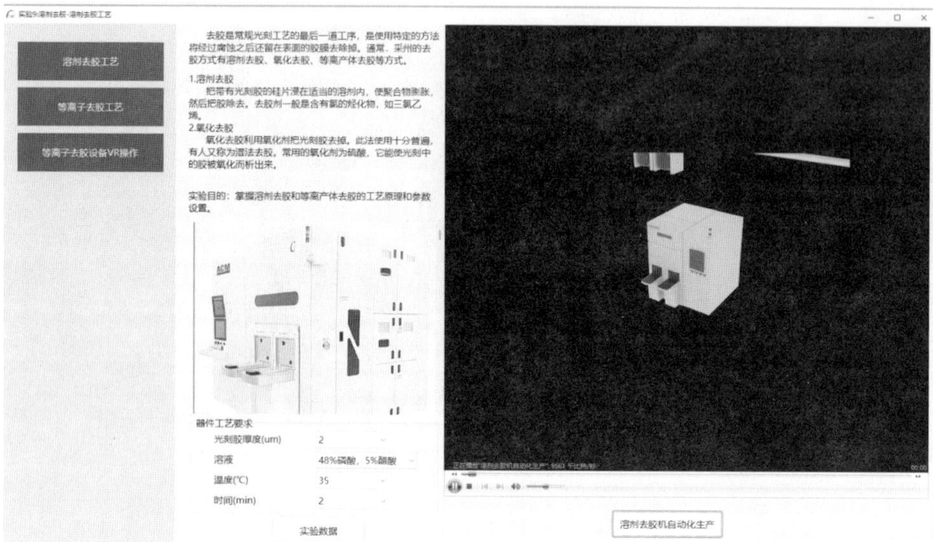

图 3-139　溶剂去胶工艺界面

备注：正确的参数设置可在规则库中查看。

2. 等离子去胶工艺

用户点击【等离子去胶工艺】按钮，可查看等离子去胶工艺的相关知识内容。在此界面中，用户可根据自身学习需求，点击【等离子去胶原理】、【等离子去胶机自动化生产】两个按钮，分别在界面右侧观看知识内容对应视频，如图 3-140 所示。

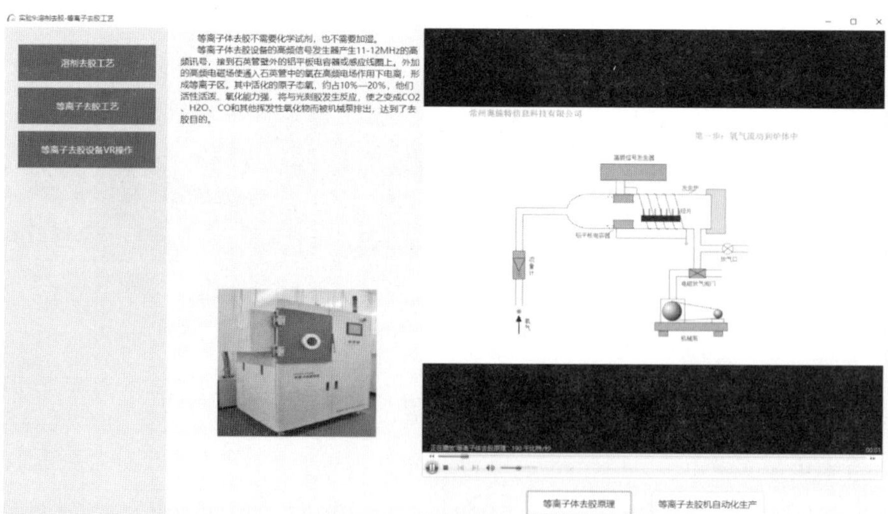

图 3-140　等离子去胶工艺界面

3. 等离子去胶设备 VR 操作

用户点击【等离子去胶设备 VR 操作】可进入 VR 虚仿软件，如图 3-141 所示。

图 3-141 VR 虚仿软件主界面

在此实验中，用户需点击【进入场景】，选择【单台设备操作】，在菜单栏找到【等离子去胶机】，点击【等离子去胶机】即可进入等离子去胶设备 VR 操作界面。

界面右侧设有操作记录栏，用户需根据操作记录栏的提示进行实验操作，如图 3-142 所示。

图 3-142 等离子去胶机 VR 操作界面

操作流程：

第一步：如图 3-143 所示，按下【Q】键解锁镜头，使用 W、A、S、D 键自由移动人物进入更衣室；通过鼠标点击穿上防护服。

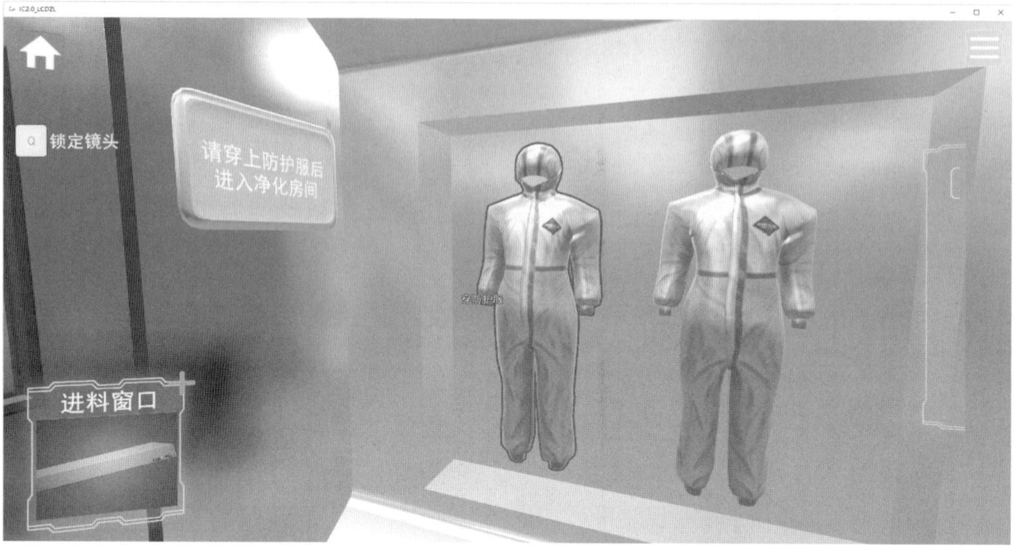

图 3-143　更衣室场景

第二步：进入净化房间等待除尘除静电，除尘除静电完毕后自由移动走出房间，进入生产车间，如图 3-144 所示。

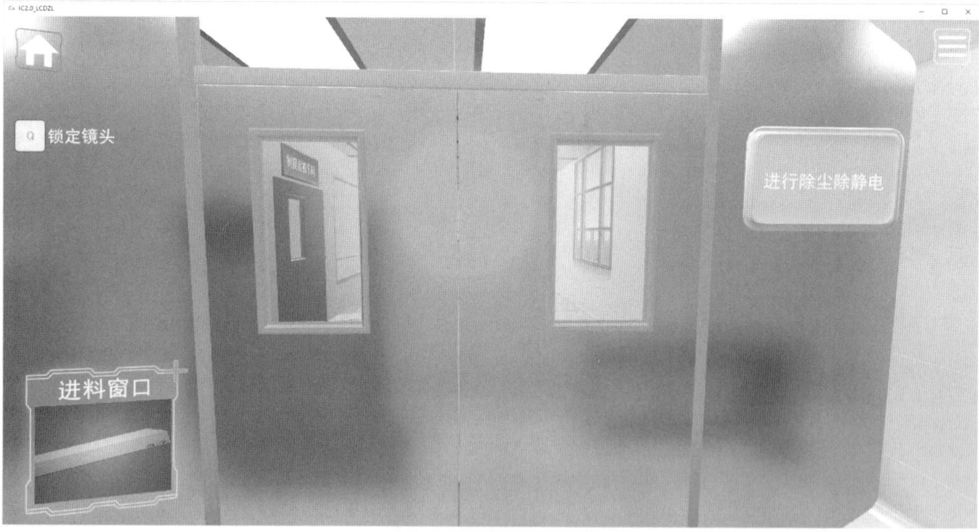

图 3-144　净化房间场景

第三步：进入生产车间后，可打开界面右下角小地图，找到等离子去胶机，可开启导航或自动巡航按钮，移动到等离子去胶设备前，如图 3-145 所示。

图 3-145　车间入口场景

第四步：移动至等离子去胶机前，按下【E】键控制当前设备，随后按下【Q】键锁定镜头，即可开始生产操作，如图 3-146 所示。

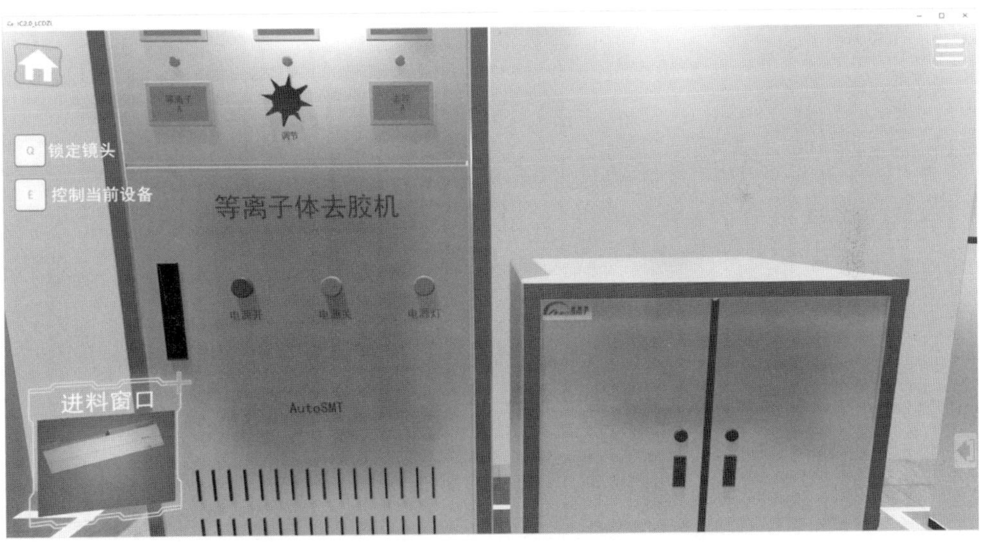

图 3-146　等离子去胶机

第五步：开始生产操作：点击进料窗口的物料→点击电源开→点电源关→操作完成，如图 3-147 所示。

图 3-147　等离子去胶设备 VR 操作流程图

备注：

（1）在操作中，每进行一步，右侧的操作记录将会标记“√”表示完成该步骤；在操作栏点击【重做】按钮，将会重置当前设备所有操作，如图 3-148 所示。

图 3-148　设备操作记录

（2）在生产操作完成后，进料窗口的物料将会有变化，可以点击【 + 】号放大窗口进行查看，如图 3-149 所示。

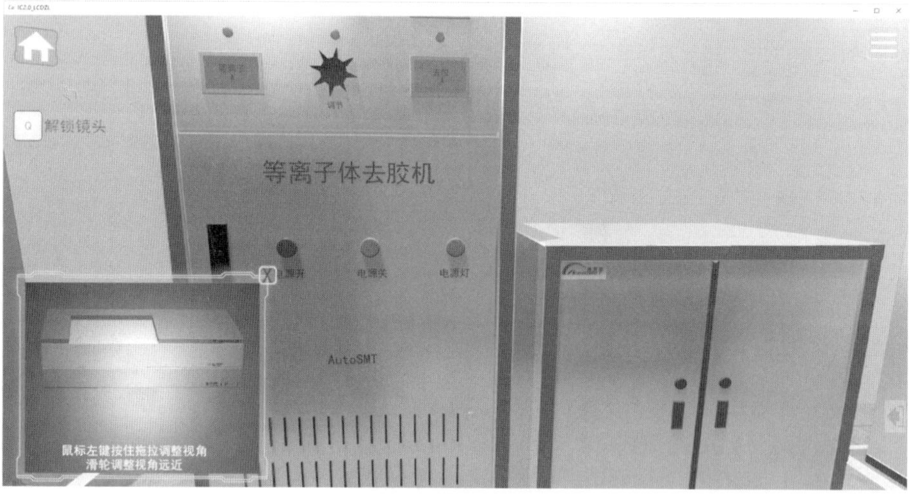

图 3-149　进料窗口放大

3.4　液晶显示器掺杂工程

掺杂工程的实践操作共有 2 个实验，分别为：【实验 10：液态源扩散】、【实验 11：离子注入掺杂】。

3.4.1 实验 10：液态源扩散

用户点击【实验 10：液态源扩散】可进入液态源扩散学习界面。该界面设有【液态源扩散原理和质量检验】、【液态源扩散炉 VR 操作】、【NPN 基区硼扩散工艺参数】、【NPN 发射区磷扩散工艺参数】四个按钮，点击后可进入对应的学习界面，如图 3-150 所示。

图 3-150　液态源扩散主界面

1. 液态源扩散原理和质量检验

用户点击【液态源扩散原理和质量检验】按钮，可查看液态源扩散原理和质量检验。

在此界面左侧中，用户可以在质量检验栏里选择对应的参数设置，点击【实验数据】按钮可查看是否选择正确。

在此界面右侧，用户可根据自身学习需求，点击【液态源扩散原理】、【液态源扩散实验操作】、【液态源扩散炉自动化生产】三个按钮，分别观看知识内容对应视频，如图 3-151 所示。

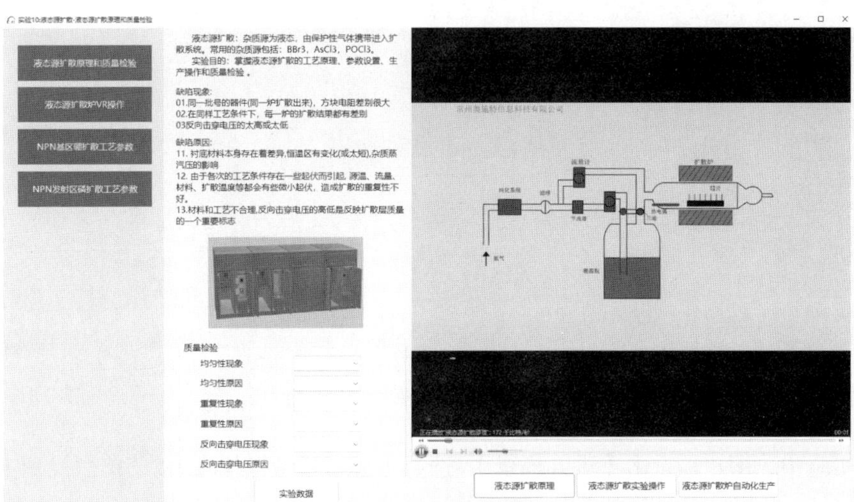

图 3-151　液态源扩散原理和质量检验界面

备注：正确的参数设置可在规则库中查看，如图 3-152 所示。

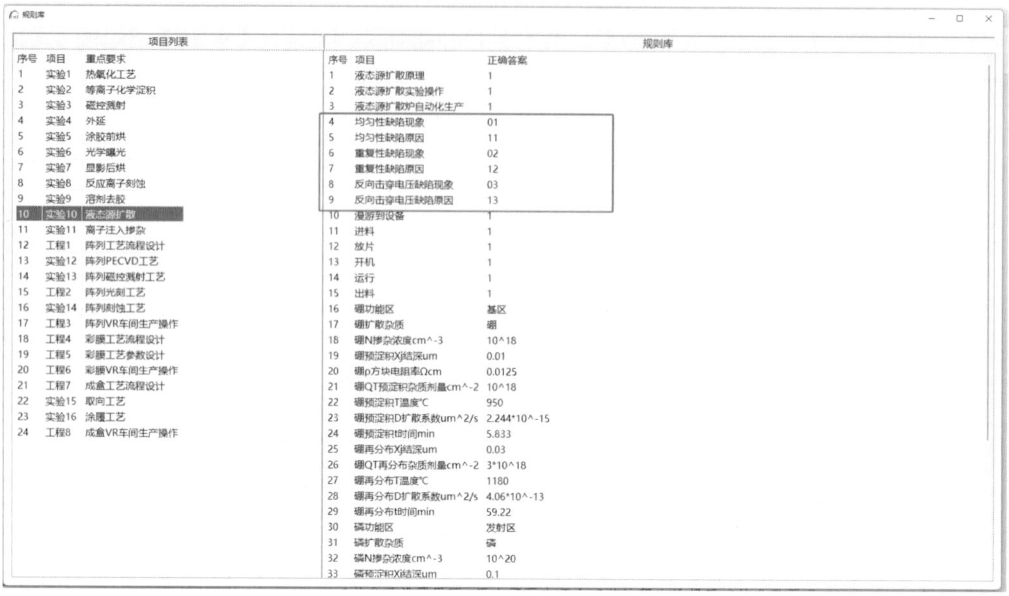

规则库

项目列表

序号	项目	重点要求
1	实验1	热氧化工艺
2	实验2	等离子化学淀积
3	实验3	磁控溅射
4	实验4	外延
5	实验5	涂胶前烘
6	实验6	光学曝光
7	实验7	显影后烘
8	实验8	反应离子刻蚀
9	实验9	溶剂去胶
10	实验10	液态源扩散
11	实验11	离子注入掺杂
12	工程1	阵列工艺流程设计
13	实验12	阵列PECVD工艺
14	实验13	阵列磁控溅射工艺
15	工程2	阵列光刻工艺
16	实验14	阵列刻蚀工艺
17	工程3	阵列VR车间生产操作
18	工程4	彩膜工艺流程设计
19	工程5	彩膜工艺参数设计
20	工程6	彩膜VR车间生产操作
21	工程7	成盒工艺流程设计
22	实验15	取向工艺
23	实验16	涂覆工艺
24	工程8	成盒VR车间生产操作

规则库

序号	项目	正确答案
1	液态源扩散原理	1
2	液态源扩散实验操作	1
3	液态源扩散炉自动化生产	1
4	均匀性缺陷现象	01
5	均匀性缺陷原因	11
6	重复性缺陷现象	02
7	重复性缺陷原因	12
8	反向击穿电压缺陷现象	03
9	反向击穿电压缺陷原因	13
10	漫游到设备	1
11	进料	1
12	放片	1
13	开机	1
14	运行	1
15	出料	1
16	硼功能区	基区
17	硼扩散杂质	硼
18	硼N掺杂浓度cm^-3	10^18
19	硼预淀积Xj结深um	0.01
20	硼ρ方块电阻率Ωcm	0.0125
21	硼QT预淀积杂质剂量cm^-2	10^18
22	硼预淀积T温度℃	950
23	硼预淀积D扩散系数um^2/s	2.244*10^-15
24	硼预淀积t时间min	5.833
25	硼再分布Xj结深um	0.03
26	硼QT再分布杂质剂量cm^-2	3*10^18
27	硼再分布T温度℃	1180
28	硼再分布D扩散系数um^2/s	4.06*10^-13
29	硼再分布t时间min	59.22
30	磷功能区	发射区
31	磷扩散杂质	磷
32	磷N掺杂浓度cm^-3	10^20
33	磷预淀积Xj结深um	0.1

图 3-152　规则库答案截图

2. 液态源扩散炉 VR 操作

用户点击【液态源扩散炉 VR 操作】可进入 VR 虚仿软件，如图 3-153 所示。

图 3-153　VR 虚仿软件主界面

在此实验中，用户需点击【进入场景】，选择【单台设备操作】，在菜单栏找到【液态源扩散炉】，点击【液态源扩散炉】即可进入液态源扩散设备 VR 操作界面。

界面右侧设有操作记录栏，用户需根据操作记录栏的提示进行实验操作，如图 3-154 所示。

图 3-154　液态源扩散炉 VR 操作界面

操作流程：

第一步：按下【Q】键解锁镜头，使用 W、A、S、D 键自由移动人物进入更衣室；通过鼠标点击穿上防护服，如图 3-155 所示。

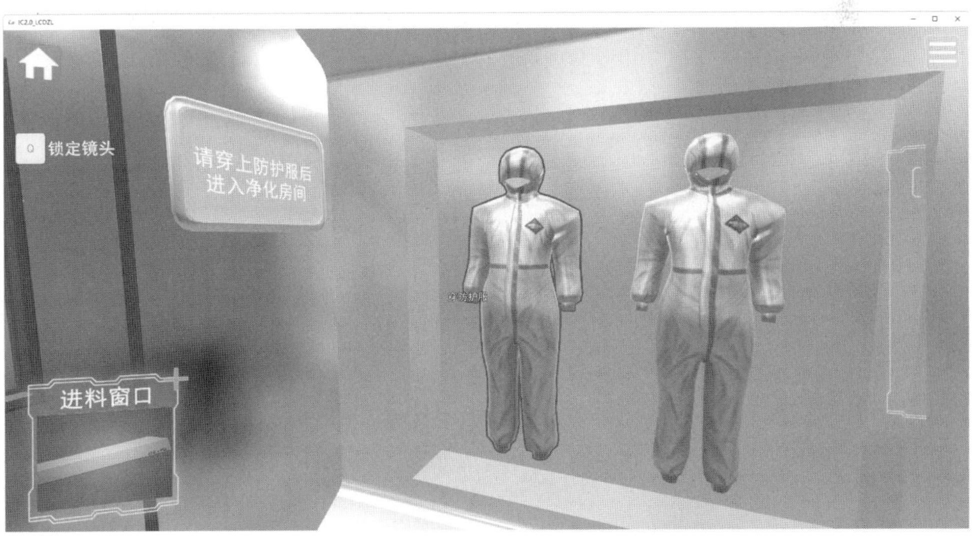

图 3-155　更衣室场景

第二步：进入净化房间等待除尘除静电，除尘除静电完毕后自由移动走出房间，进入生产车间，如图 3-156 所示。

图 3-156　净化房间场景

第三步：进入生产车间后，可打开界面右下角小地图，找到液态源扩散炉，可开启导航或自动巡航按钮，移动到液态源扩散设备前，如图 3-157 所示。

图 3-157　车间入口场景

第四步：移动至液态源扩散炉前，按下【E】键控制当前设备，随后按下【Q】键锁定镜头，即可开始生产操作，如图 3-158 所示。

图 3-158　液态源扩散炉

第五步：开始生产操作：点击开门→点击进料窗口的物料→点击上片→点击晶元架→点击炉门（打开）→点击进料→点击炉门（关闭）→点击电源开关（打开）→点击氮气开关（打开）→点击加热开关（打开）→点击氧气开关（打开）→播放设备运行原理动画→点击加热开关（关闭）→点击氧气开关（关闭）→点击氮气开关（关闭）→点击电源开关（关闭）→点击下料→操作完成，如图 3-159 所示。

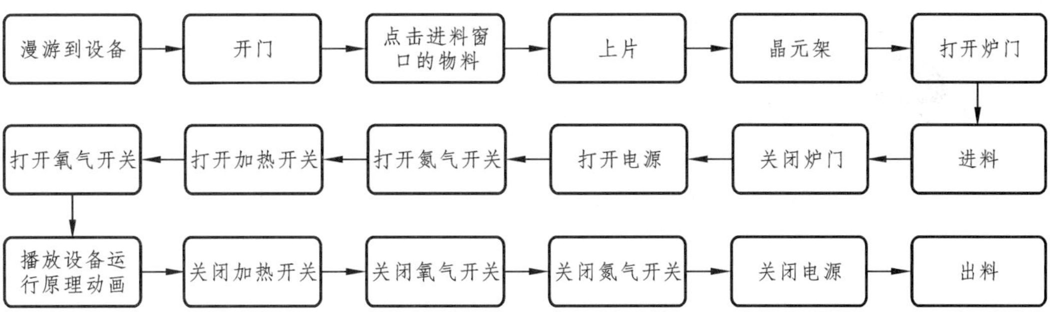

图 3-159　液态源扩散炉 VR 操作流程图

备注：

（1）在操作中，每进行一步，右侧的操作记录将会标记“√”表示完成该步骤；在操作栏点击【重做】按钮，将会重置当前设备所有操作，如图 3-160 所示。

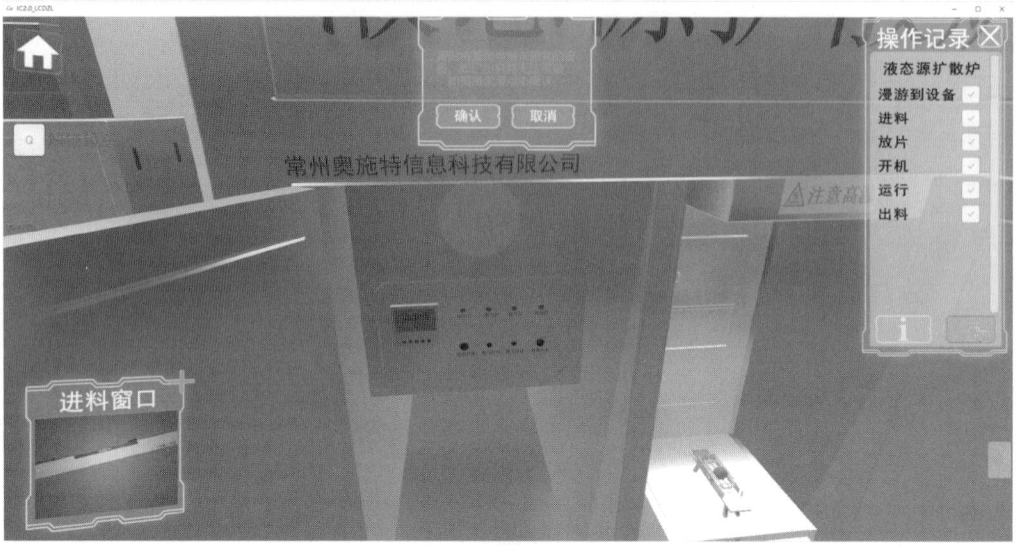

图 3-160　设备操作记录

（2）设备运行原理动画可暂停、可重播、可关闭，关闭播放窗口后，将自动进入下一步操作，如图 3-161 所示。

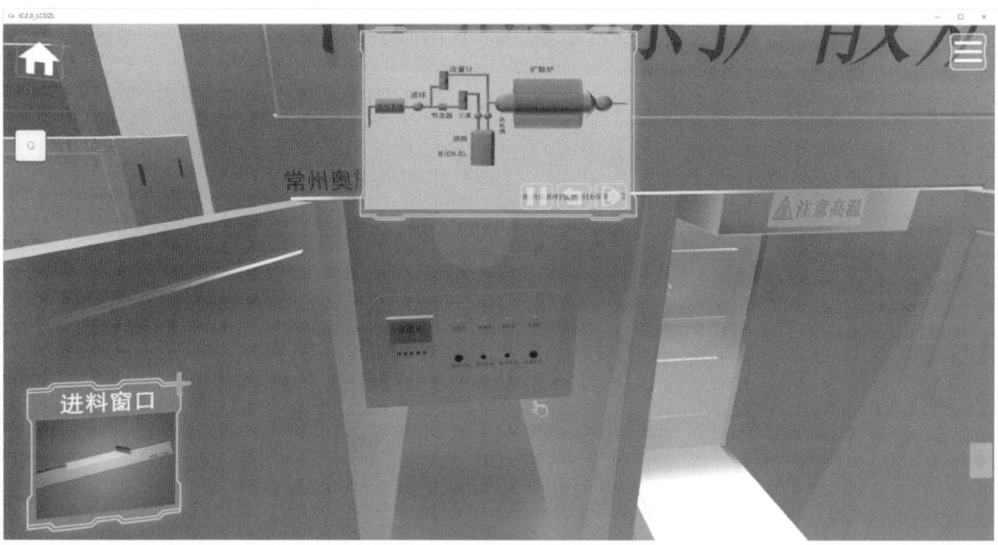

图 3-161　设备运行原理动画

（3）在生产操作完成后，进料窗口的物料将会有变化，可以点击【 + 】号放大窗口进行查看，如图 3-162 所示。

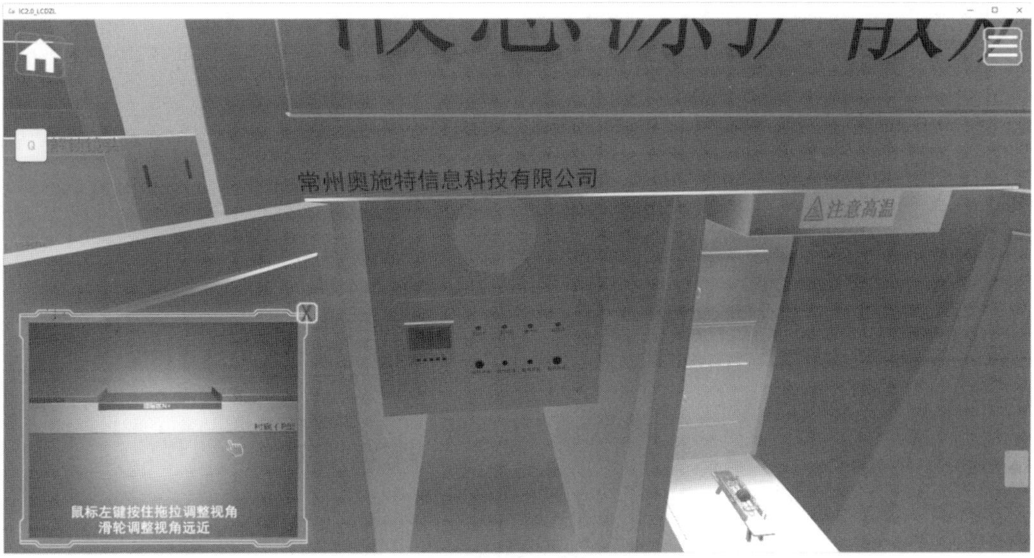

图 3-162　进料窗口放大

3. NPN 基区硼扩散工艺参数

如图 3-163 所示，用户点击【NPN 基区硼扩散工艺参数】可进入 NPN 基区硼扩散工艺参数设置界面。用户需要在每个工艺流程中选择正确的参数要求，界面右下角有扩散工艺参数计算知识栏，用户可根据知识栏中的内容对工艺参数进行计算分析。点击【温度曲线仿真】可在界面右侧查看相应的温度曲线；点击【实验数据】可查看所选择的工艺参数设置正确与否。

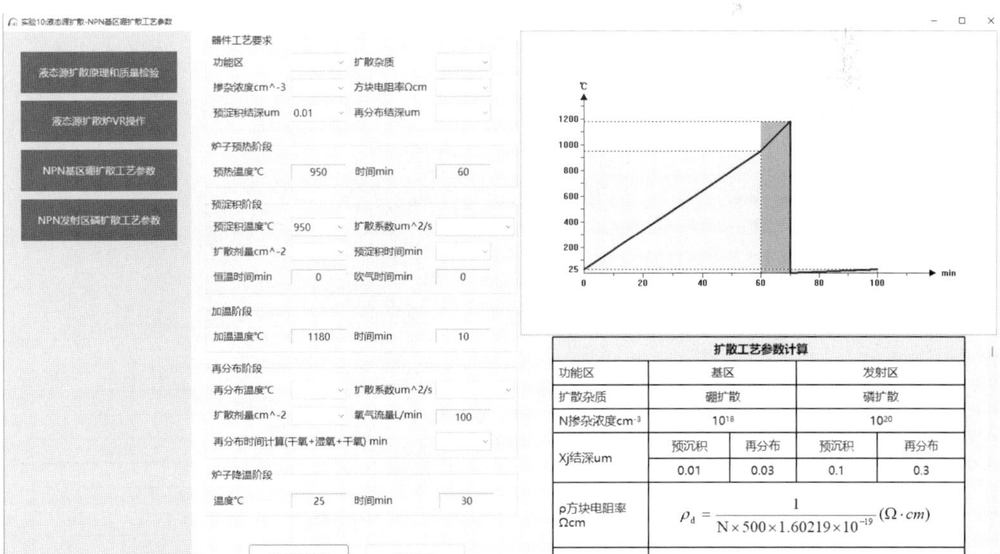

图 3-163　NPN 基区硼扩散工艺参数界面

备注：正确的参数设置可在规则库中查看，如图 3-164 所示。

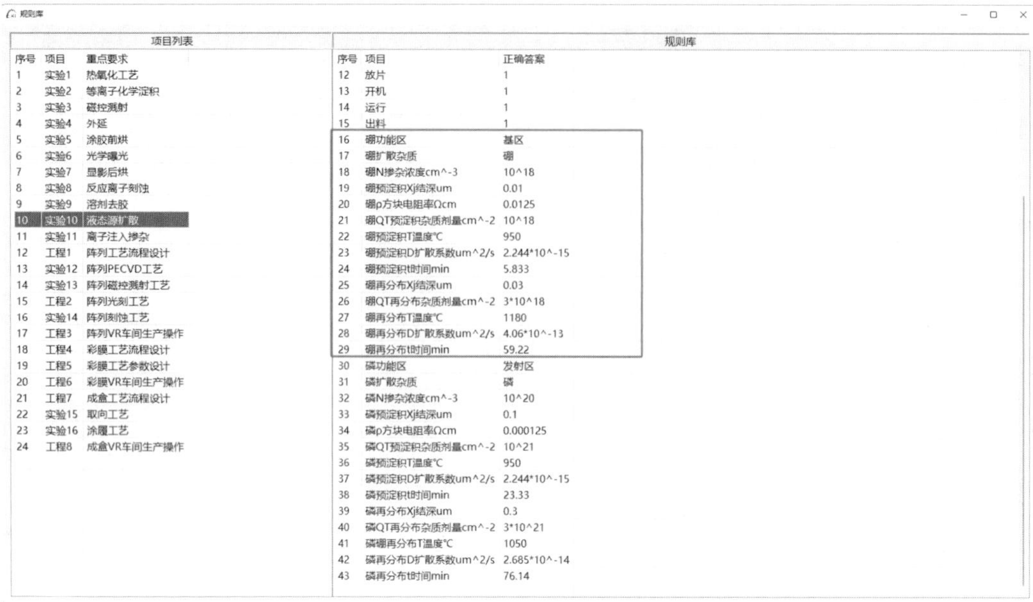

图 3-164 规则库答案截图

4. NPN 发射区磷扩散工艺参数

用户点击【NPN 发射区磷扩散工艺参数】可进入 NPN 发射区磷扩散工艺参数设置界面。用户需要在每个工艺流程中选择正确的参数要求，界面右下角有扩散工艺参数计算知识栏，用户可根据知识栏中的内容对工艺参数进行计算分析。点击【温度曲线仿真】可在界面右侧查看相应的温度曲线；点击【实验数据】可查看所选择的工艺参数设置正确与否，如图 3-165 所示。

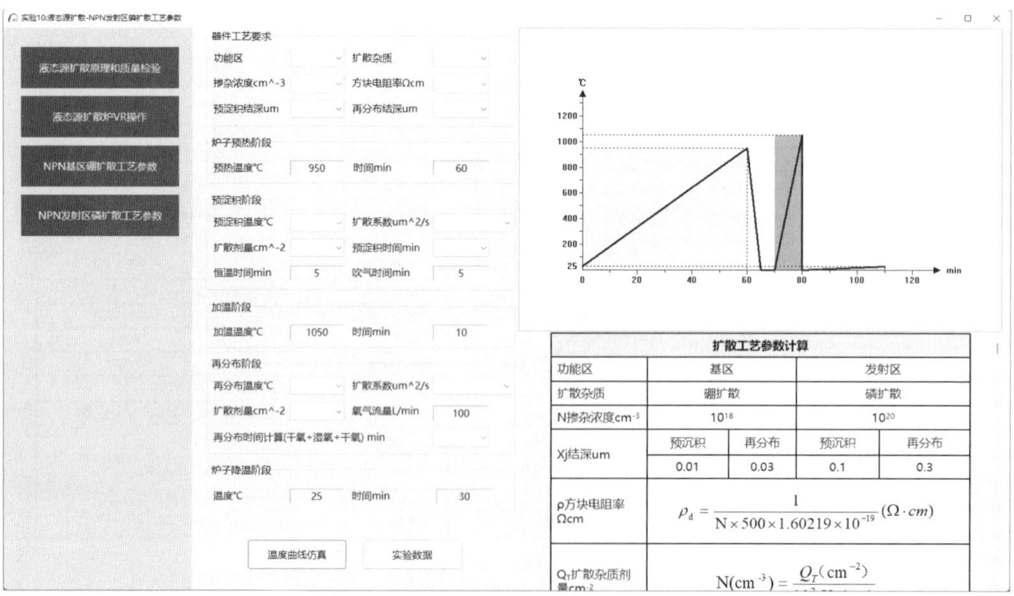

图 3-165 NPN 发射区磷扩散工艺参数界面

备注：正确的参数设置可在规则库中查看，如图 3-166 所示。

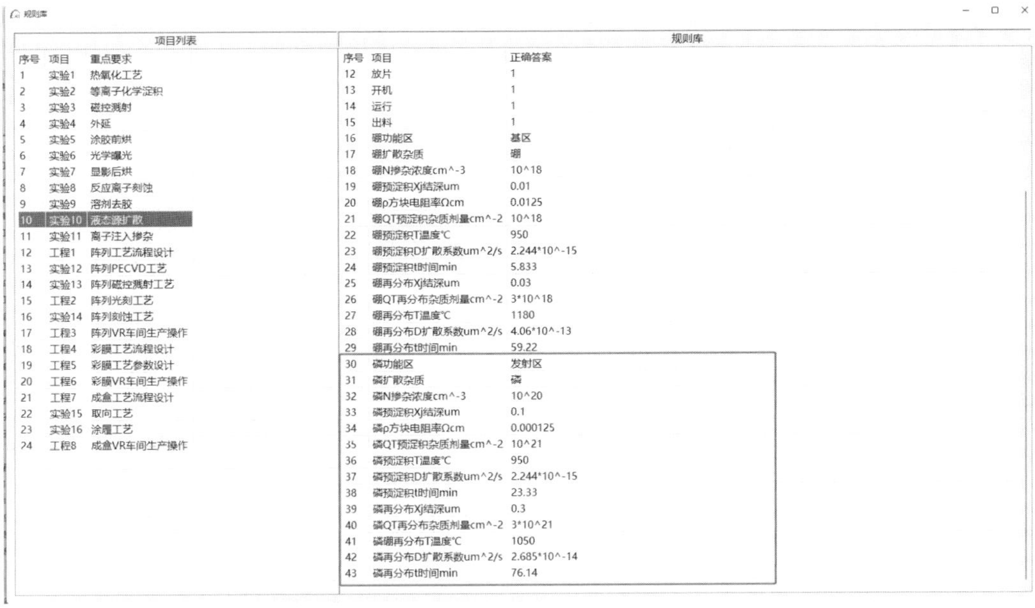

规则库

项目列表

序号	项目	重点要求
1	实验1	热氧化工艺
2	实验2	等离子化学淀积
3	实验3	磁控溅射
4	实验4	外延
5	实验5	涂胶前烘
6	实验6	光学曝光
7	实验7	显影后烘
8	实验8	反应离子刻蚀
9	实验9	溶剂去胶
10	实验10	液态源扩散
11	实验11	离子注入掺杂
12	工程1	阵列工艺流程设计
13	实验12	阵列PECVD工艺
14	实验13	阵列磁控溅射工艺
15	工程2	阵列光刻工艺
16	实验14	阵列刻蚀工艺
17	工程3	阵列VR车间生产操作
18	工程4	彩膜工艺流程设计
19	工程5	彩膜工艺参数设计
20	工程6	彩膜VR车间生产操作
21	工程7	成盒工艺流程设计
22	实验15	取向工艺
23	实验16	涂履工艺
24	工程8	成盒VR车间生产操作

规则库

序号	项目	正确答案
12	放片	1
13	开机	1
14	运行	1
15	出料	1
16	硼功能区	基区
17	硼扩散杂质	硼
18	硼N掺杂浓度cm^-3	10^18
19	硼预淀积Xj结深um	0.01
20	硼ρ方块电阻率Ωcm	0.0125
21	硼QT预淀积杂质剂量cm^-2	10^18
22	硼预淀积T温度℃	950
23	硼预淀积D扩散系数um^2/s	2.244*10^-15
24	硼预淀积t时间min	5.833
25	硼再分布Xj结深um	0.03
26	硼QT再分布杂质剂量cm^-2	3*10^18
27	硼再分布T温度℃	1180
28	硼再分布D扩散系数um^2/s	4.06*10^-13
29	硼再分布t时间min	59.22
30	磷功能区	发射区
31	磷扩散杂质	磷
32	磷N掺杂浓度cm^-3	10^20
33	磷预淀积Xj结深um	0.1
34	磷ρ方块电阻率Ωcm	0.000125
35	磷QT预淀积杂质剂量cm^-2	10^21
36	磷预淀积T温度℃	950
37	磷预淀积D扩散系数um^2/s	2.244*10^-15
38	磷预淀积t时间min	23.33
39	磷再分布Xj结深um	0.3
40	磷QT再分布杂质剂量cm^-2	3*10^21
41	磷硼再分布T温度℃	1050
42	磷再分布D扩散系数um^2/s	2.685*10^-14
43	磷再分布t时间min	76.14

图 3-166　规则库答案截图

3.4.2　实验 11：离子注入掺杂

用户点击【实验 11：离子注入掺杂】可进入离子注入掺杂学习界面。该界面设有【离子掺杂原理和操作】、【掺杂工艺参数】、【离子掺杂设备 VR 操作】三个按钮，点击后可进入对应的学习界面，如图 3-167 所示。

图 3-167　离子注入掺杂主界面

1. 离子掺杂原理和操作

用户点击【离子掺杂原理和操作】按钮，可查看离子掺杂原理和操作的相关知识内容。在此界面中，用户可根据自身学习需求，点击【离子注入掺杂原理】、【离子注入掺杂实验操作】、【掺杂自动化生产】三个按钮，分别在界面右侧观看知识内容对应视频，如图 3-168 所示。

图 3-168　离子掺杂原理和操作界面

2. 掺杂工艺参数

用户点击【掺杂工艺参数】可进入掺杂工艺参数设计界面，用户需要对硼掺杂参数、磷掺杂参数和退火参数进行设置，点击【实验数据】可查看所选择的工艺参数设置正确与否，如图 3-169 所示。

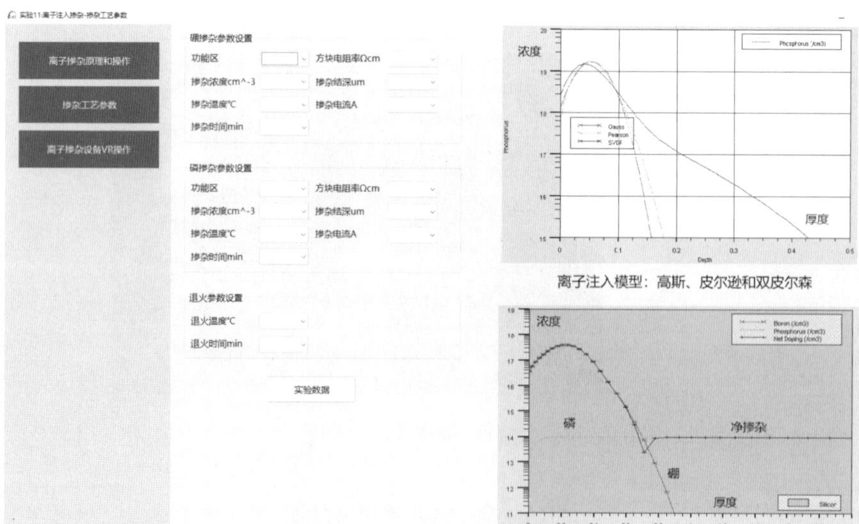

图 3-169　掺杂工艺参数设置界面

备注：正确的参数设置可在规则库中查看，如图 3-170 所示。

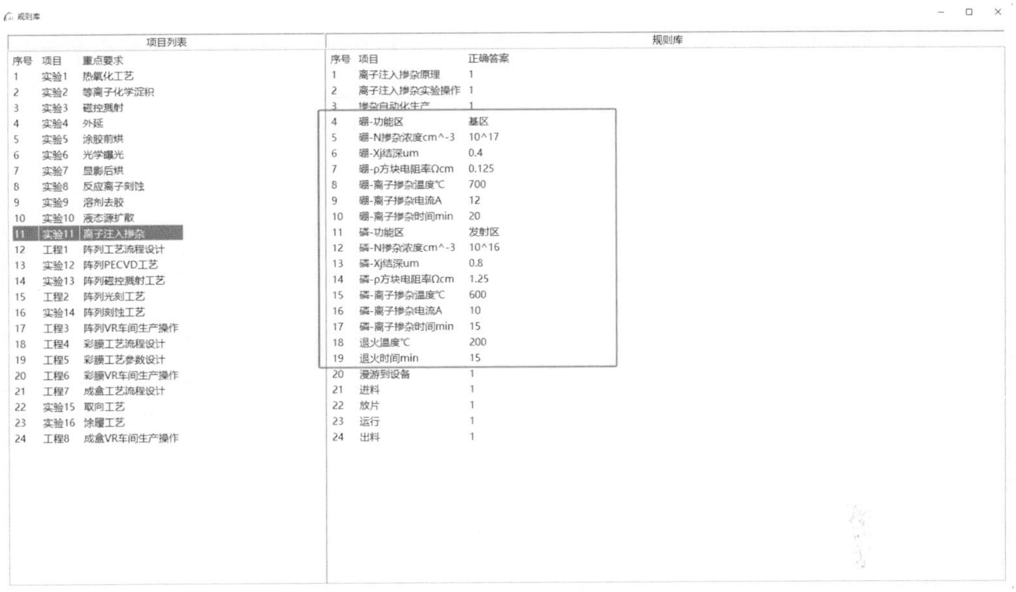

规则库

项目列表

序号	项目	重点要求
1	实验1	热氧化工艺
2	实验2	等离子化学淀积
3	实验3	磁控溅射
4	实验4	外延
5	实验5	涂胶前烘
6	实验6	光学曝光
7	实验7	显影后烘
8	实验8	反应离子刻蚀
9	实验9	溶剂去胶
10	实验10	液态源扩散
11	实验11	离子注入掺杂
12	工程1	阵列工艺流程设计
13	实验12	阵列PECVD工艺
14	实验13	阵列磁控溅射工艺
15	工程2	阵列光刻工艺
16	实验14	阵列刻蚀工艺
17	工程3	阵列VR车间生产操作
18	工程4	彩膜工艺流程设计
19	工程5	彩膜工艺参数设计
20	工程6	彩膜VR车间生产操作
21	工程7	成盒工艺流程设计
22	实验15	取向工艺
23	实验16	涂履工艺
24	工程8	成盒VR车间生产操作

规则库

序号	项目	正确答案
1	离子注入掺杂原理	1
2	离子注入掺杂实验操作	1
3	掺杂自动化生产	1
4	硼-功能区	基区
5	硼-N掺杂浓度cm^-3	10^17
6	硼-Xj结深um	0.4
7	硼-ρ方块电阻率Ωcm	0.125
8	硼-离子掺杂温度℃	700
9	硼-离子掺杂电流A	12
10	硼-离子掺杂时间min	20
11	磷-功能区	发射区
12	磷-N掺杂浓度cm^-3	10^16
13	磷-Xj结深um	0.8
14	磷-ρ方块电阻率Ωcm	1.25
15	磷-离子掺杂温度℃	600
16	磷-离子掺杂电流A	10
17	磷-离子掺杂时间min	15
18	退火温度℃	200
19	退火时间min	15
20	漫游到设备	1
21	进料	1
22	放片	1
23	运行	1
24	出料	1

图 3-170　规则库答案截图

3. 离子掺杂设备 VR 操作

用户点击【离子掺杂设备 VR 操作】可进入 VR 虚仿软件，如图 3-171 所示。

图 3-171　VR 虚仿软件主界面

在此实验中，用户需点击【进入场景】，选择【单台设备操作】，在菜单栏找到【离子注入机】，点击【离子注入机】即可进入离子掺杂设备 VR 操作界面。

界面右侧设有操作记录栏，用户需根据操作记录栏的提示进行实验操作，如图 3-172 所示。

图 3-172　离子注入机 VR 操作界面

操作流程：

第一步：按下【Q】键解锁镜头，使用 W、A、S、D 键自由移动人物进入更衣室；通过鼠标点击穿上防护服，如图 3-173 所示。

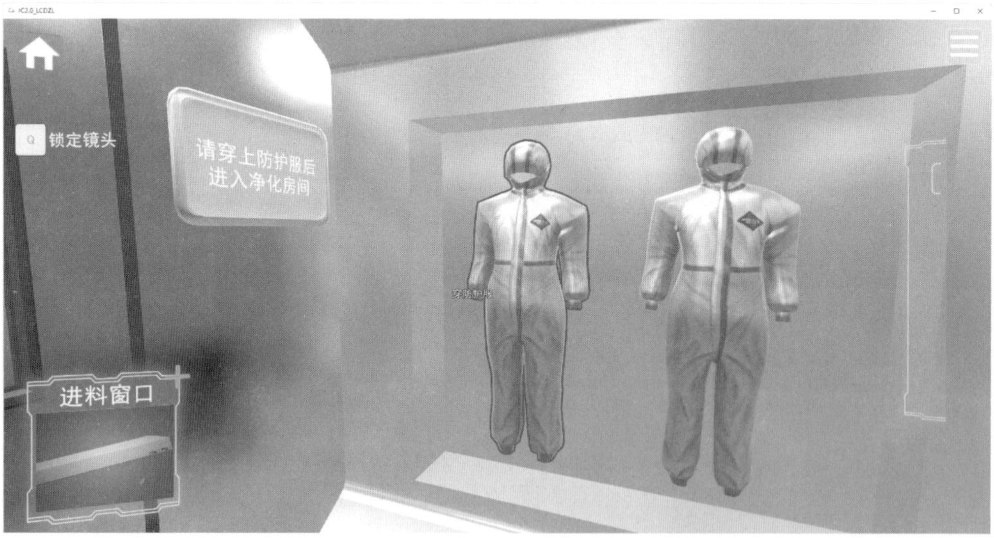

图 3-173　更衣室场景

第二步：进入净化房间等待除尘除静电，除尘除静电完毕后自由移动走出房间，进入生产车间，如图 3-174 所示。

图 3-174　净化房间场景

第三步：进入生产车间后，可打开界面右下角小地图，找到离子注入机，可开启导航或自动巡航按钮，移动到离子掺杂设备前，如图 3-175 所示。

图 3-175　车间入口场景

第四步：移动至离子注入机前，按下【E】键控制当前设备，随后按下【Q】键锁定镜头，即可开始生产操作，如图 3-176 所示。

图 3-176　离子注入机

第五步：开始生产操作：点击进料窗口的物料→点击上料→点击运行→播放设备运行原理动画→点击出料→操作完成，如图 3-177 所示。

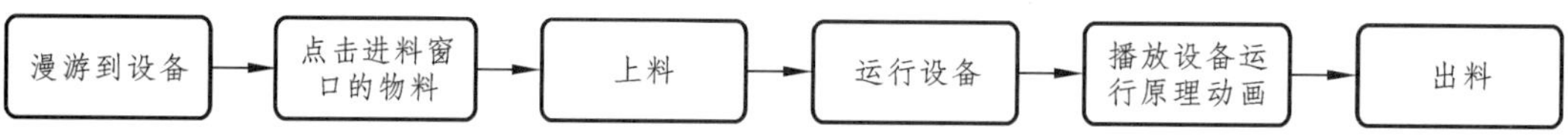

图 3-177　离子掺杂设备 VR 操作流程图

备注：

（1）在操作中，每进行一步，右侧的操作记录将会标记“√”表示完成该步骤；在操作栏点击【重做】按钮，将会重置当前设备所有操作，如图 3-178 所示。

图 3-178　设备操作记录

（2）设备运行原理动画可暂停、可重播、可关闭，关闭播放窗口后，将自动进入下一步操作，如图 3-179 所示。

图 3-179　设备运行原理动画

（3）在生产操作完成后，进料窗口的物料将会有变化，可以点击【 + 】号放大窗口进行查看，如图 3-180 所示。

图 3-180　进料窗口放大图

3.5　液晶显示器 TFT 阵列工程

用户登录学生端口后，点击【TFT 阵列和彩膜 IC 制造】按钮，可进入 TFT 阵列和彩膜

IC 制造项目主界面。该项目共分为两个模块，分别为阵列工艺和彩膜工艺。点击对应按钮可进入该模块的详细学习界面，如图 3-181 所示。

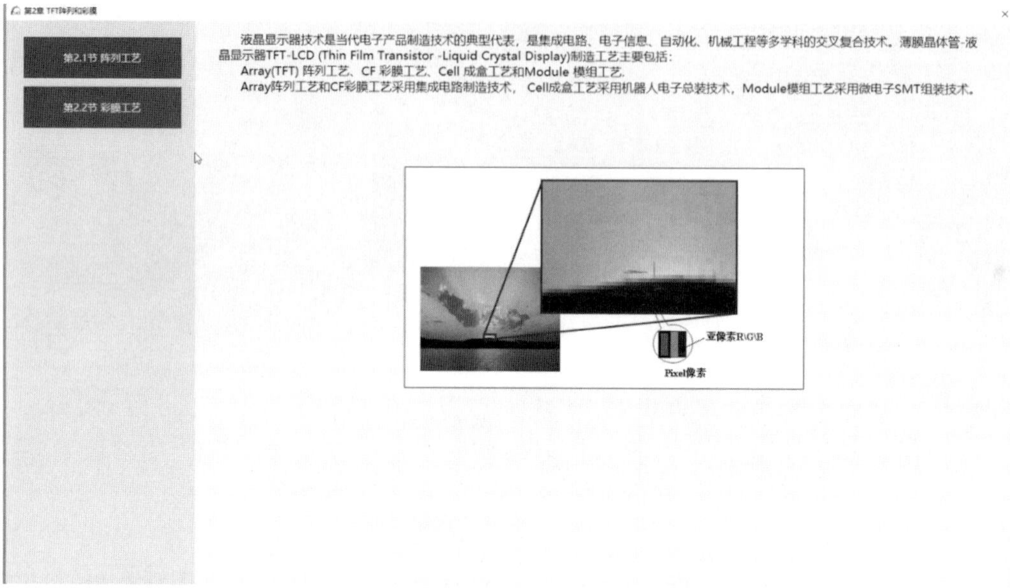

图 3-181　TFT 阵列和彩膜 IC 制造主界面

通过 TFT 阵列和彩膜 IC 制造虚拟仿真，可熟悉和掌握 TFT 阵列和彩膜 IC 制造的关键技术和工艺流程。通过实践操作，可培养实践操作能力和问题解决能力，同时加深对 TFT 阵列和彩膜 IC 制造的理解。

在本次实训中，将学习以下内容：

（1）了解 TFT 阵列的组成和原理，以及 TFT 阵列的制造过程。学习如何通过控制材料的选择、沉积、曝光和蚀刻等步骤来制造 TFT 阵列。此外，还会学习到测试和分析 TFT 阵列的性能的方法。

（2）学习彩膜的制造过程和相关工艺。了解彩膜的作用以及在 TFT 阵列中的应用，如何选择合适的材料、设计彩膜的结构，并通过涂覆、曝光和蚀刻等步骤来制造彩膜。

通过该部分的实践操作，并通过模拟实验数据进行结果分析和判断，可以培养实践操作能力和问题解决能力，更好地理解 TFT 阵列和彩膜 IC 制造的关键技术和工艺流程，能够应用所学知识解决实际问题。

3.5.1　工程 1：阵列工艺流程设计

用户点击【阵列工艺】按钮可进入阵列工艺的学习主界面。阵列工艺的实践操作可分为工程设计和工艺操作两个部分，其中工程设计包括：【工程 1：阵列工艺流程设计】、【工程 2：

阵列光刻工艺设计】、【工程 3：阵列 VR 车间生产操作】；工艺操作包括：【实验 12：阵列 PECVD 工艺】、【实验 13：阵列磁控溅射工艺】、【实验 14：阵列刻蚀工艺】，如图 3-182 所示。

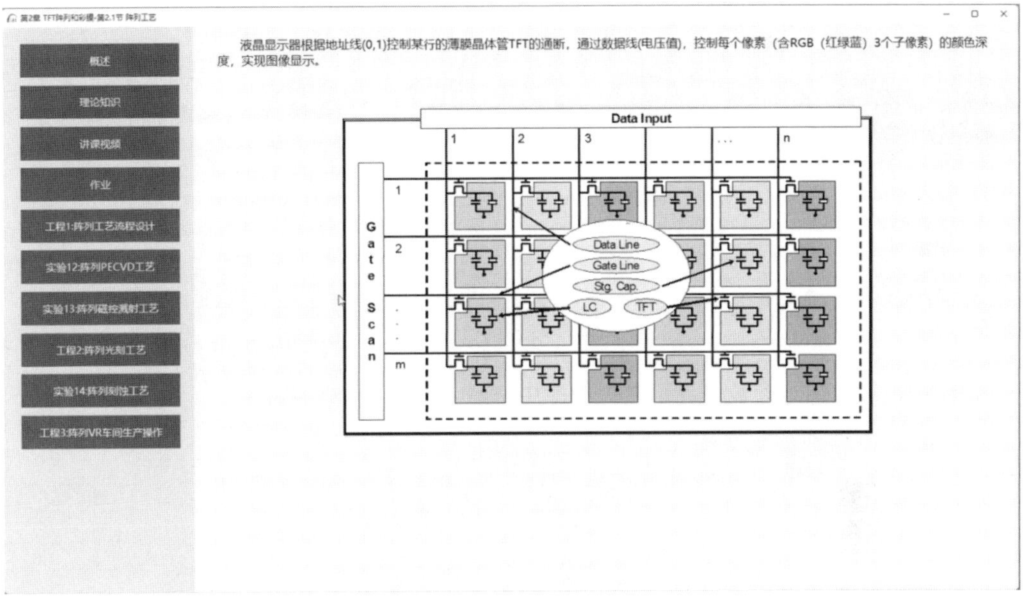

图 3-182　阵列工艺主界面

如图 3-183 所示用户点击【工程 1：阵列工艺流程设计】可进入阵列工艺流程设计界面。用户需在工艺流程设计列表的功能区和工序两列中下拉选择每个工艺流程，如设计错误将会显示红色字体，设计正确将会显示蓝色字体，设计正确后点击序号可观看工艺视频验证。点击【实验数据】可查看所选择的工艺流程是否正确，如图 3-184 所示。

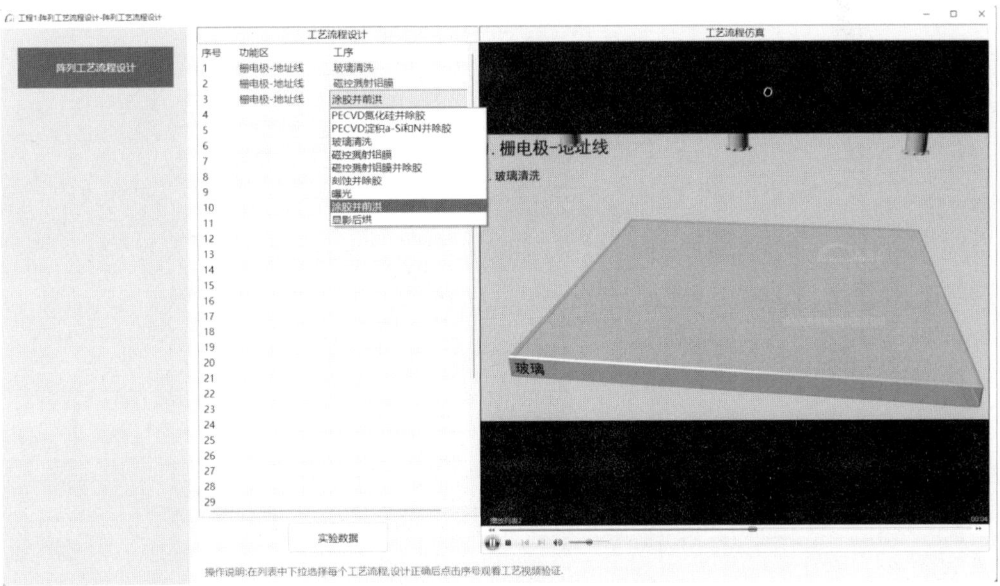

图 3-183　阵列工艺流程设计界面

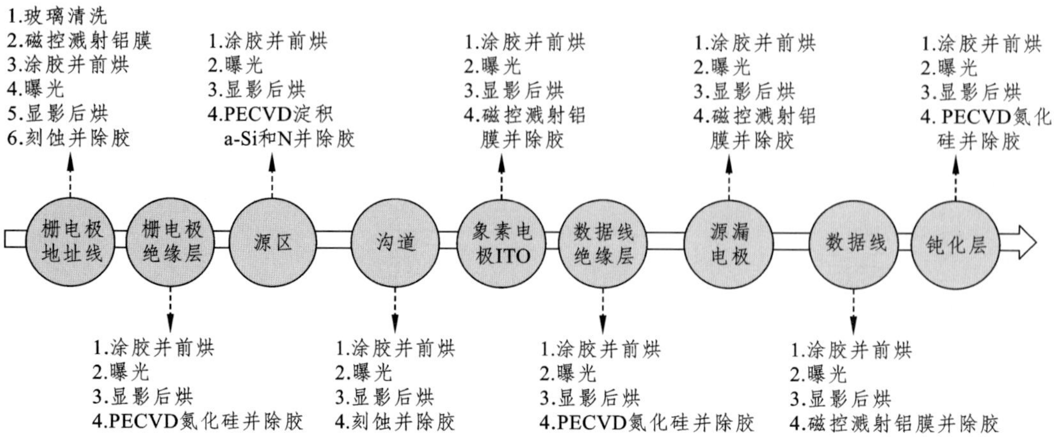

图 3-184　阵列工艺流程图

备注：正确的工艺参数设计可在规则库中查看，如图 3-185 所示。

图 3-185　规则库答案

3.5.2 实验 12：阵列 PECVD 工艺

用户点击【实验 12：阵列 PECVD 工艺】可进入阵列 PECVD 工艺主界面，该界面设有【阵列 PECVD 工艺原理】和【阵列 PECVD 工艺参数设计】两个按钮，如图 3-186 所示。

图 3-186　阵列 PECVD 工艺主界面

1. 阵列 PECVD 工艺原理

用户点击【阵列 PECVD 工艺原理】按钮，可查看阵列 PECVD 的工艺原理。在此界面中，用户可根据自身学习需求，点击【等离子 PECVD 原理】、【等离子 PECVD 实验操作】、【PECVD 炉生产】三个按钮，分别在界面右侧观看知识内容对应视频，如图 3-187 所示。

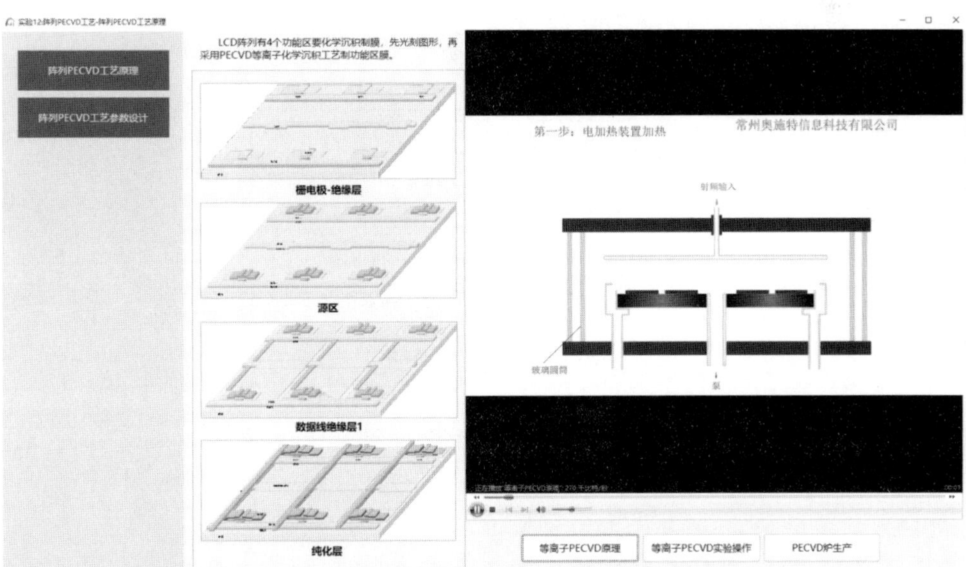

图 3-187　阵列 PECVD 工艺原理界面

2. 阵列 PECVD 工艺参数设计

如图 3-188 所示，用户点击【阵列 PECVD 工艺参数设计】按钮，可进入阵列 PECVD 工艺参数设计界面。该工艺参数设计共分为四个部分，分别为【栅电极绝缘层】、【有源区】、【数据线绝缘层】以及【钝化层】。用户需要在每个工艺流程中选择正确的参数，点击【温度曲线仿真】可在界面右侧查看相应的 PECVD 炉温度曲线；点击【实验数据】可查看所选择的工艺参数正确与否。

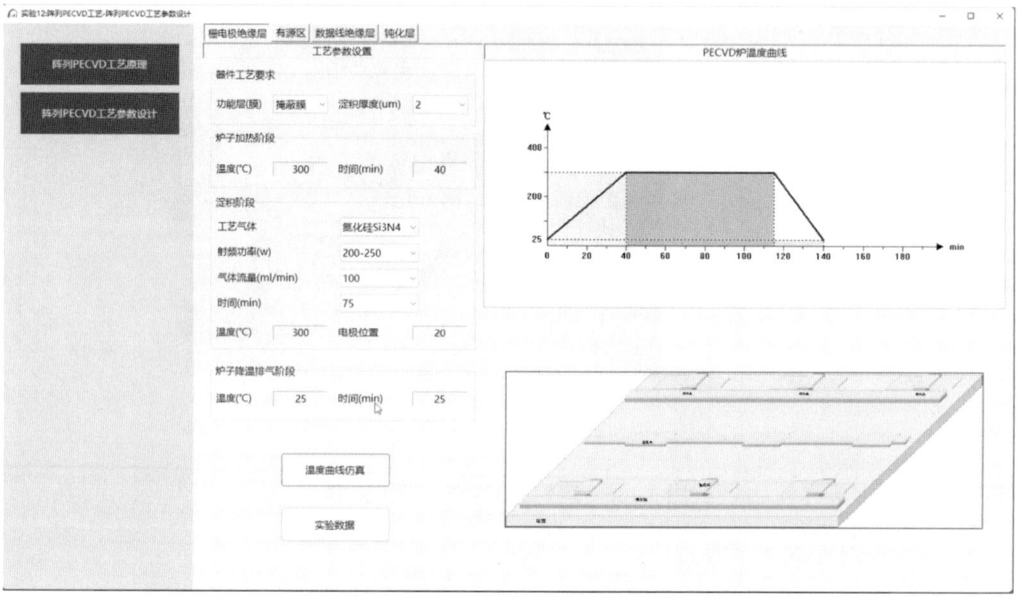

图 3-188 阵列 PECVD 工艺参数设计界面

备注：正确的工艺参数设计可在规则库中查看，如图 3-189 所示。

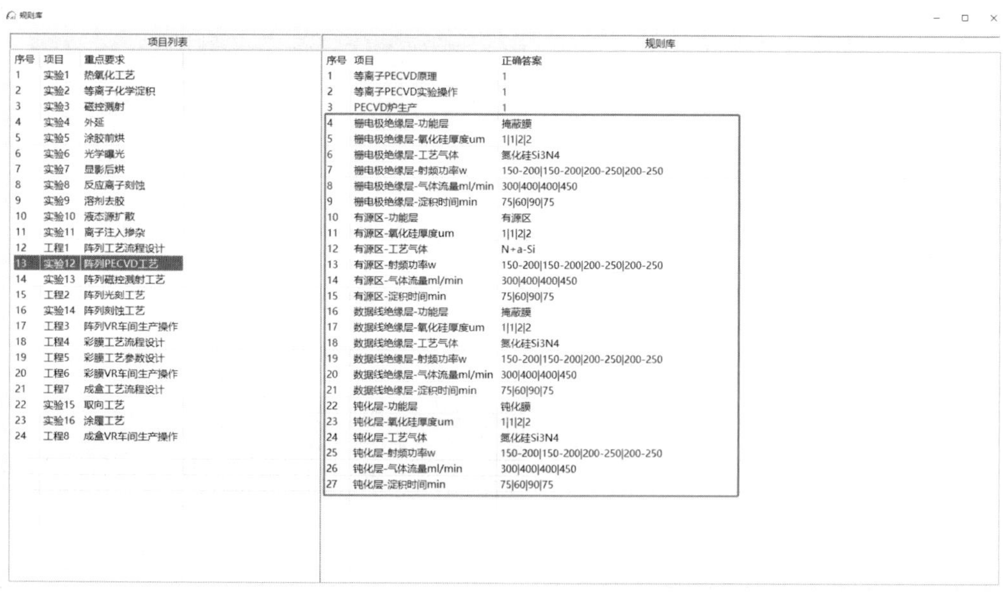

图 3-189 规则库答案截图

3.5.3　实验 13：阵列磁控溅射工艺

用户点击【实验 13：阵列磁控溅射工艺】可进入阵列磁控溅射工艺主界面，该界面设有【阵列磁控溅射工艺原理】和【阵列磁控溅射工艺参数设计】两个按钮，如图 3-190 所示。

图 3-190　阵列磁控溅射工艺主界面

1. 阵列磁控溅射工艺原理

用户点击【阵列磁控溅射工艺原理】按钮，可查看阵列磁控溅射工艺原理。在此界面中，用户可根据自身学习需求，点击【磁控溅射原理】、【磁控溅射实验操作】、【磁控溅射自动化生产】三个按钮，分别在界面右侧观看知识内容对应视频，如图 3-191 所示。

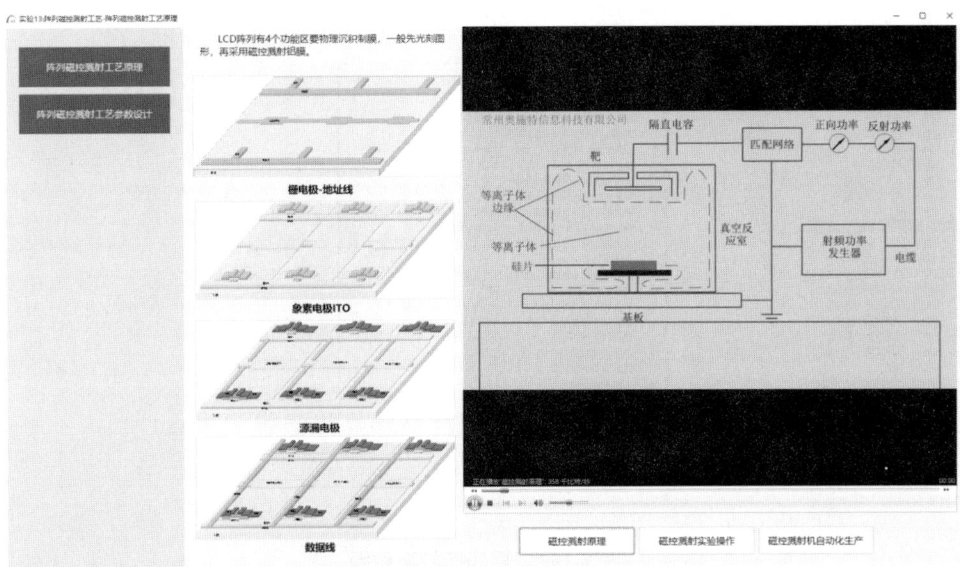

图 3-191　阵列磁控溅射工艺原理界面

2. 阵列磁控溅射工艺参数设计

用户点击【阵列磁控溅射工艺参数设计】按钮，可进入阵列磁控溅射工艺参数设计界面。该工艺参数设计共分为四个部分，分别为【栅电极绝缘层】、【象素电极 ITO】、【源漏电极】以及【数据线】。用户需要在每个工艺流程中选择正确的参数，点击【实验数据】可查看所选择的工艺参数正确与否，如图 3-192 所示。

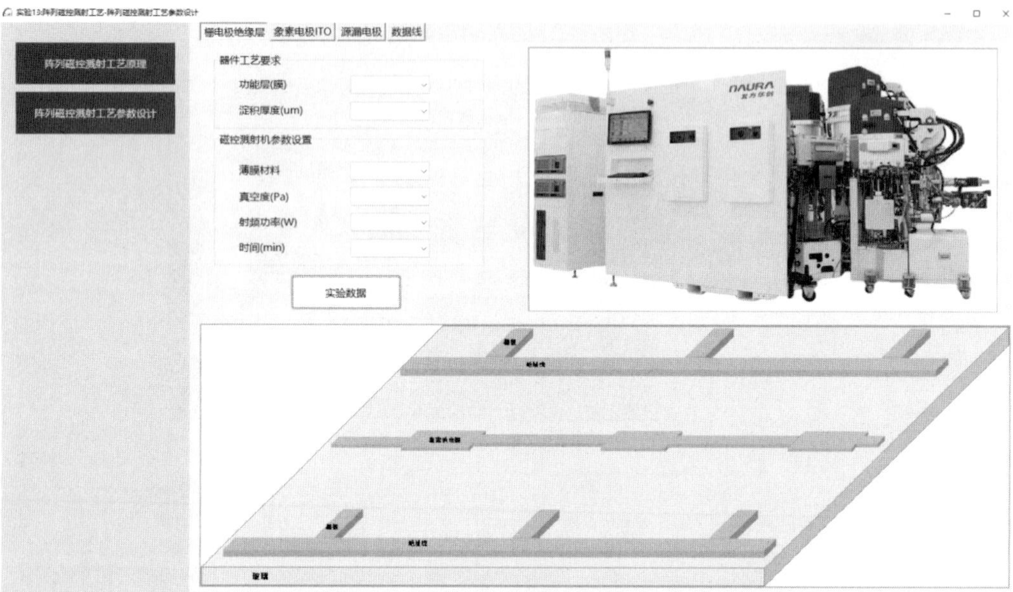

图 3-192　阵列磁控溅射工艺参数设计界面

备注：正确的工艺参数设计可在规则库中查看，如图 3-193 所示。

规则库

项目列表

序号	项目	重点要求
1	实验1	热氧化工艺
2	实验2	等离子化学淀积
3	实验3	磁控溅射
4	实验4	外延
5	实验5	涂胶前烘
6	实验6	光学曝光
7	实验7	显影后烘
8	实验8	反应离子刻蚀
9	实验9	溶剂去胶
10	实验10	液态源扩散
11	实验11	离子注入掺杂
12	工程1	阵列工艺流程设计
13	实验12	阵列PECVD工艺
14	实验13	阵列磁控溅射工艺
15	工程2	阵列光刻工艺
16	实验14	阵列刻蚀工艺
17	工程3	阵列VR车间生产操作
18	工程4	彩膜工艺流程设计
19	工程5	彩膜工艺参数设计
20	工程6	彩膜VR车间生产操作
21	工程7	成盒工艺流程设计
22	实验15	取向工艺
23	实验16	涂覆工艺
24	工程8	成盒VR车间生产操作

规则库

序号	项目	正确答案
1	磁控溅射原理	1
2	磁控溅射实验操作	1
3	磁控溅射机自动化生产	1
4	栅电极地址线-功能层(膜)	金属线
5	栅电极地址线-淀积厚度(um)	1|2
6	栅电极地址线-薄膜材料	Al
7	栅电极地址线-真空度(Pa)	5*10^-6
8	栅电极地址线-射频功率(W)	1200|1800
9	栅电极地址线-时间(s)	20|40
10	象素电极ITO-功能层(膜)	电极
11	象素电极ITO-淀积厚度(um)	1|2
12	象素电极ITO-薄膜材料	Al
13	象素电极ITO-真空度(Pa)	5*10^-6
14	象素电极ITO-射频功率(W)	1200|1800
15	象素电极ITO-时间(s)	40|60
16	源漏电极-功能层(膜)	电极
17	源漏电极-淀积厚度(um)	1|2
18	源漏电极-薄膜材料	Al
19	源漏电极-真空度(Pa)	5*10^-6
20	源漏电极-射频功率(W)	1200|1800
21	源漏电极-时间(s)	10|20
22	数据线-功能层(膜)	金属线
23	数据线-淀积厚度(um)	1|2
24	数据线-薄膜材料	Al
25	数据线-真空度(Pa)	5*10^-6
26	数据线-射频功率(W)	1200|1800
27	数据线-时间(s)	20|40

图 3-193　规则库答案截图

3.5.4 工程 2：阵列光刻工艺设计

用户点击【工程 2：阵列光刻工艺设计】可进入阵列光刻工艺设计主界面，该界面设有【阵列光刻工艺原理】、【阵列光刻工艺图形】和【阵列光刻工艺参数设计】三个按钮，如图 3-194 所示。

图 3-194　阵列光刻工艺设计主界面

1. 阵列光刻工艺原理

用户点击【阵列光刻工艺原理】按钮，可查看阵列光刻的工艺原理，如图 3-195 所示。

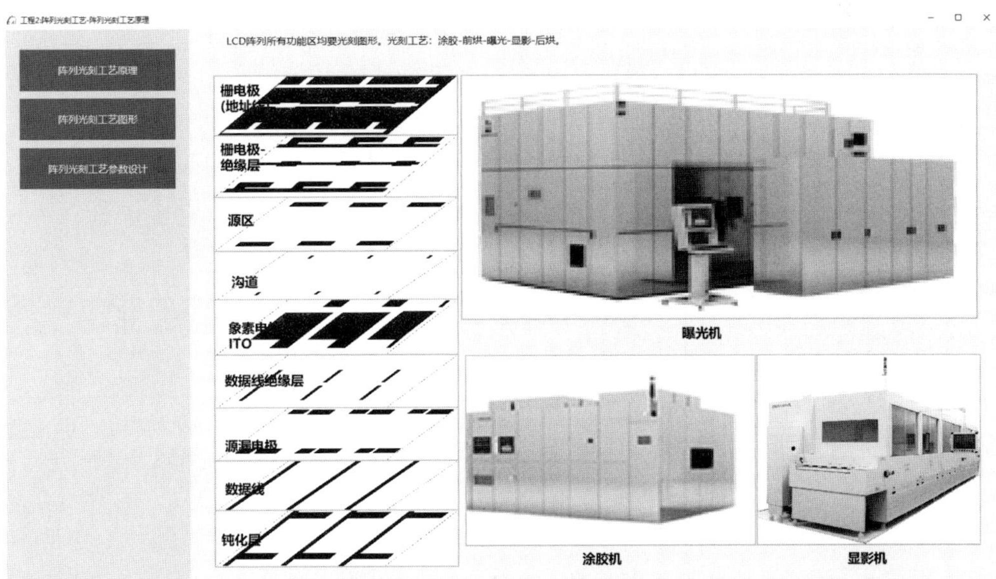

图 3-195　阵列光刻工艺原理界面

2. 阵列光刻工艺图形

用户点击【阵列光刻工艺图形】按钮，可查看阵列光刻的工艺图形。用户需要根据界面右侧图形，在功能区中进行对应的功能选择，点击【实验数据】可查看所选择的功能参数正确与否，如图 3-196 所示。

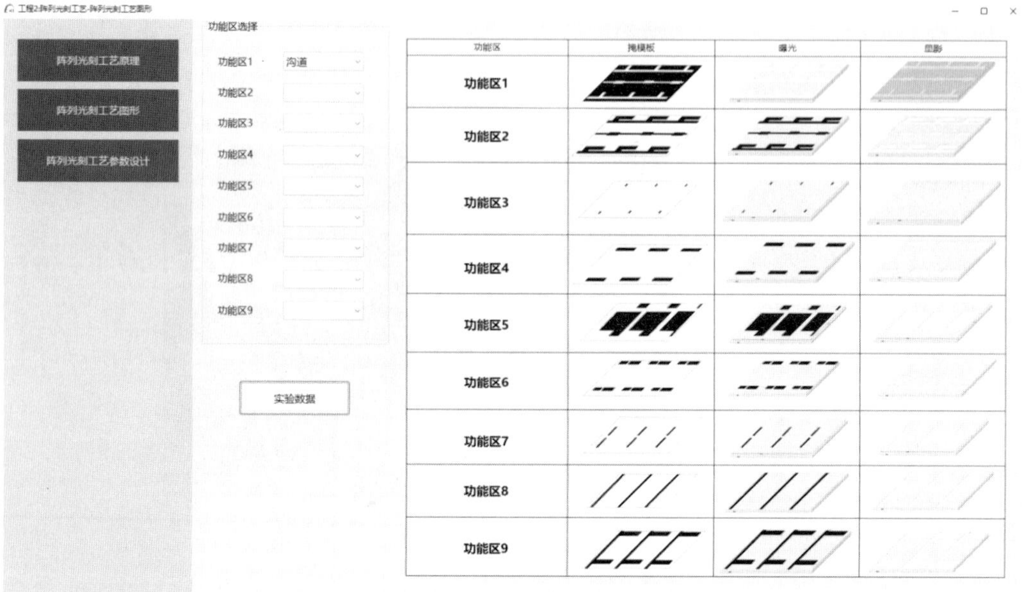

图 3-196　阵列光刻工艺图形界面

备注：正确的功能参数可在规则库中查看，如图 3-197 所示。

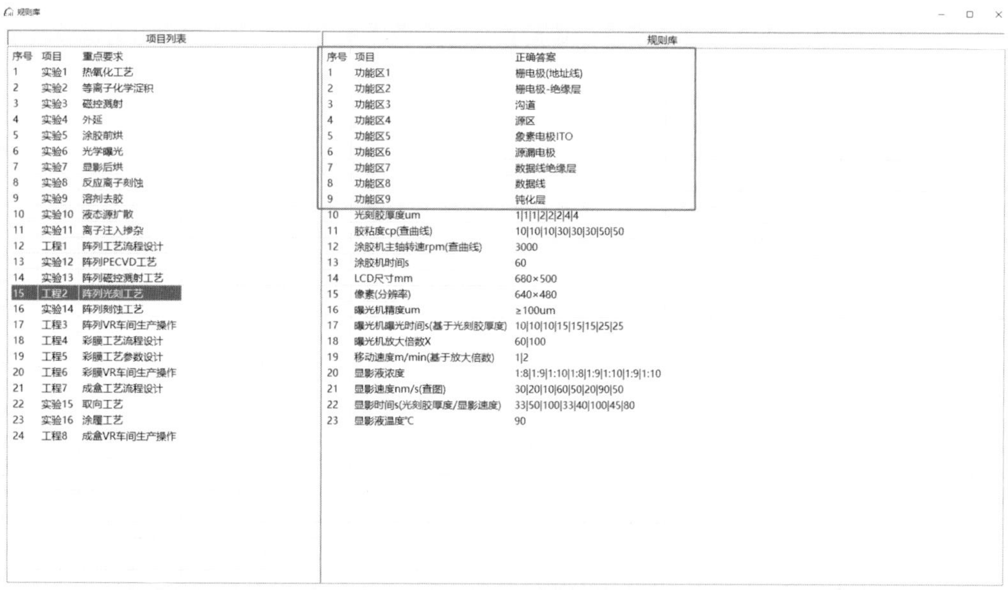

图 3-197　规则库答案

3. 阵列光刻工艺参数设计

用户点击【阵列光刻工艺参数设计】按钮，可进入阵列光刻工艺参数设计界面。用户需要对涂胶机参数、光学曝光机参数以及显影参数进行选择设置，点击【实验数据】可查看所选择的工艺参数正确与否，如图 3-198 所示。

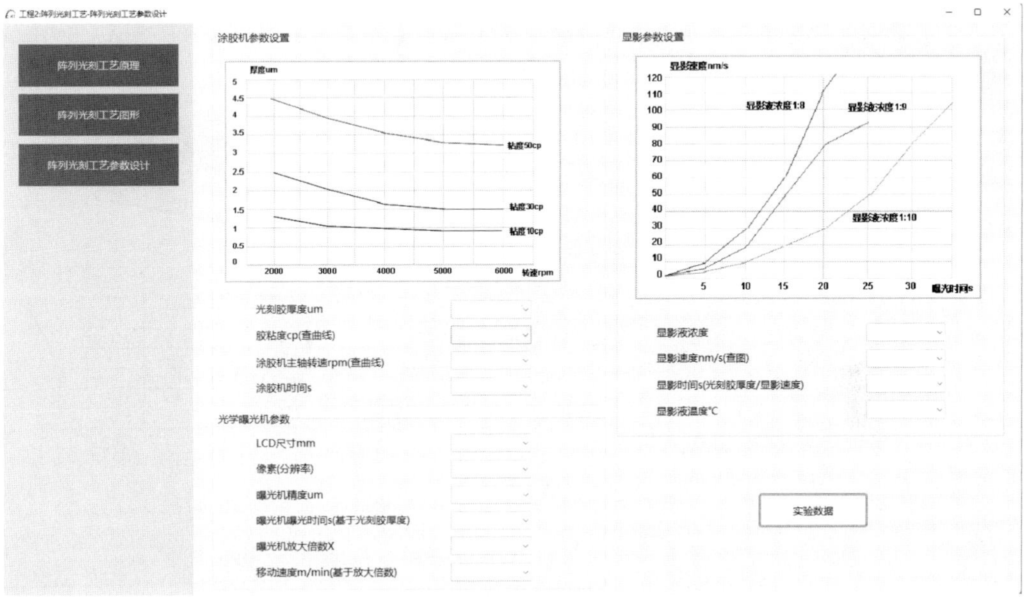

图 3-198　阵列光刻工艺参数设计界面

备注：正确的工艺参数设计可在规则库中查看，如图 3-199 所示。

图 3-199　规则库答案截图

3.5.5　实验 14：阵列刻蚀工艺

用户点击【实验 14：阵列刻蚀工艺】可进入阵列刻蚀工艺界面。用户需要对湿法刻蚀机的参数进行选择设置，点击【实验数据】可查看所选择的工艺参数正确与否，如图 3-200 所示。

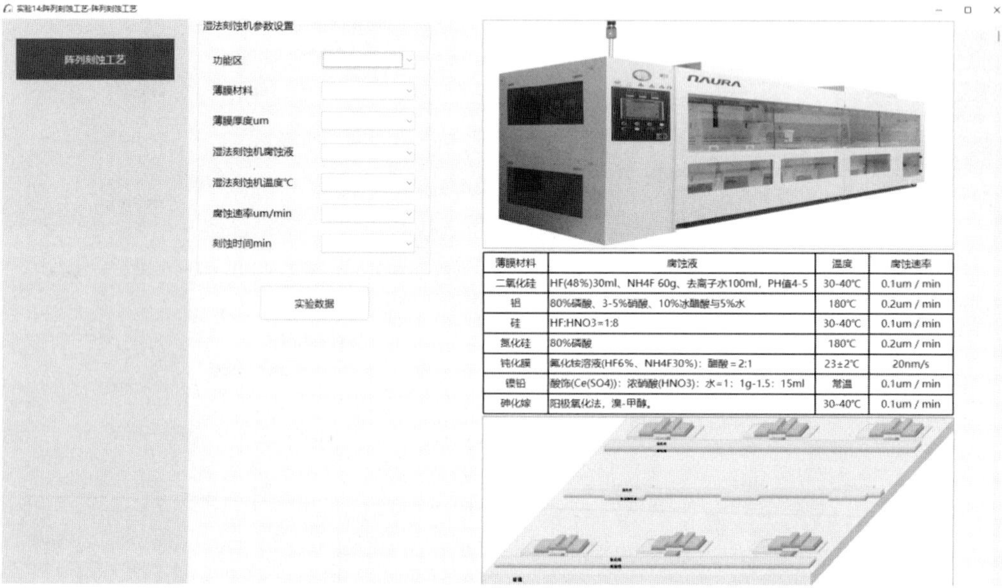

图 3-200　阵列刻蚀工艺界面

备注：正确的工艺参数设计可在规则库中查看，如图 3-201 所示。

图 3-201　规则库答案

3.5.6 工程 3：阵列 VR 车间生产操作

用户点击【工程 3：阵列 VR 车间生产操作】可进入 VR 虚仿软件，如图 3-202 所示。

图 3-202　阵列车间 VR 虚仿软件主界面

在主菜单栏选择【进入场景】即可进入流程操作选择界面。选择【流程模式】中的【LCD 阵列】，将进入 VR 车间，开始【LCD 阵列】流程操作，如图 3-203 所示。

图 3-203　流程操作选择界面

车间界面左上角【主页】按钮可返回 VR 虚仿软件主界面；界面右侧有操作记录侧边栏，详细记录了 LCD 阵列的每个流程以及每个流程该做的操作步骤；【！】按钮可查看操作说明；【返回】按钮可重置流程；在实验操作中，每进行一步，右侧的操作记录将会标记“√”表示完成该步骤，如图 3-204 所示。

图 3-204　LCD 阵列流程主界面

操作流程：

第一步：按下【Q】键解锁镜头，使用 W、A、S、D 键自由移动人物进入更衣室；通过鼠标点击穿上防护服，如图 3-205 所示。

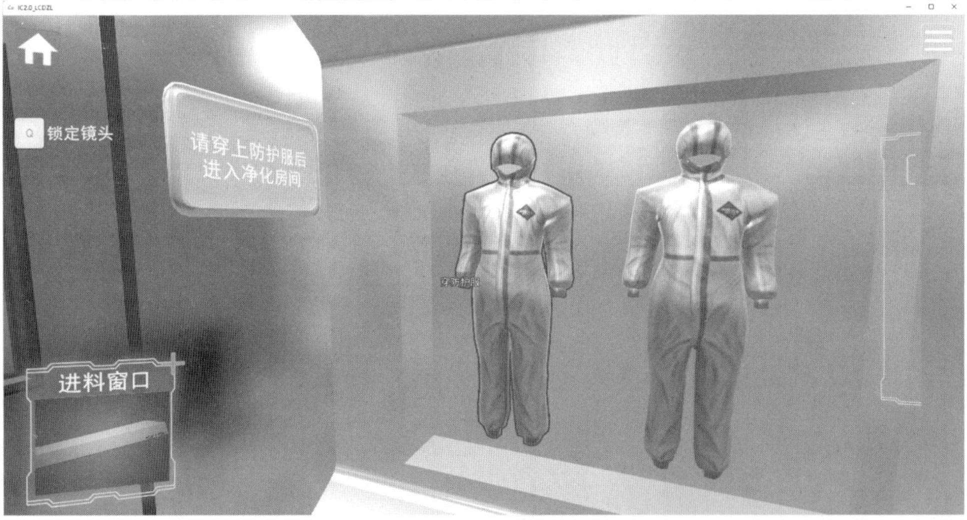

图 3-205　更衣室场景

第二步：进入净化房间等待除尘除静电，除尘除静电完毕后自由移动走出房间，进入生产车间，如图 3-206 所示。

第三步：进入生产车间后，可打开界面右下角小地图，用户需根据右侧操作记录的设备顺序进行实验操作。

在每一个设备的生产操作完成后，进料窗口的物料将会有变化，可以点击【 + 】号放大窗口进行查看。

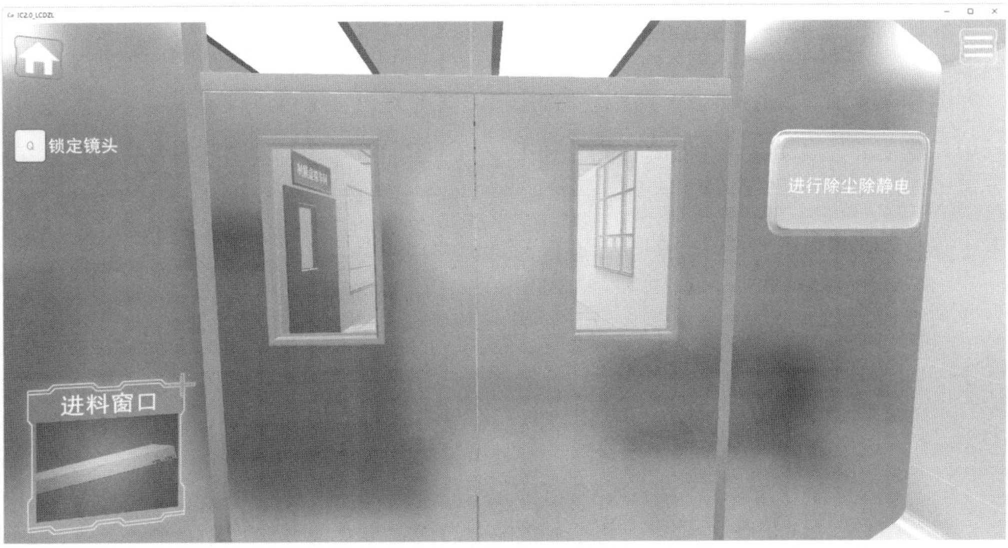

图 3-206　净化房间场景

备注：LCD 阵列的正确流程操作详见规则库，如图 3-207 所示。

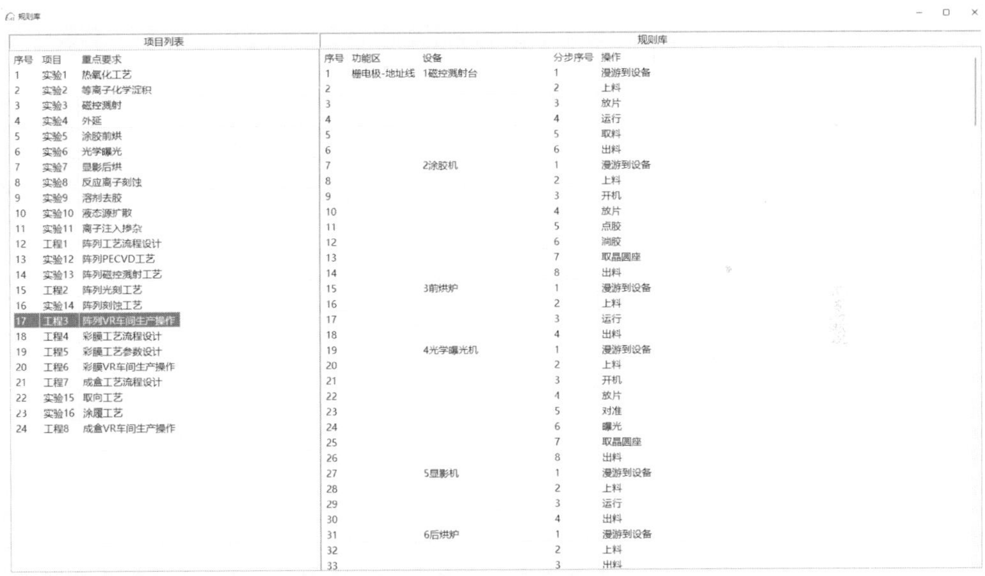

规则库

项目列表

序号	项目	重点要求
1	实验1	热氧化工艺
2	实验2	等离子化学淀积
3	实验3	磁控溅射
4	实验4	外延
5	实验5	涂胶前烘
6	实验6	光学曝光
7	实验7	显影后烘
8	实验8	反应离子刻蚀
9	实验9	溶剂去胶
10	实验10	液态源扩散
11	实验11	离子注入掺杂
12	工程1	阵列工艺流程设计
13	实验12	阵列PECVD工艺
14	实验13	阵列磁控溅射工艺
15	工程2	阵列光刻工艺
16	实验14	阵列刻蚀工艺
17	工程3	阵列VR车间生产操作
18	工程4	彩膜工艺流程设计
19	工程5	彩膜工艺参数设计
20	工程6	彩膜VR车间生产操作
21	工程7	成盒工艺流程设计
22	实验15	取向工艺
23	实验16	涂履工艺
24	工程8	成盒VR车间生产操作

规则库

序号	功能区	设备	分步序号	操作
1	栅电极-地址线	1磁控溅射台	1	漫游到设备
2			2	上料
3			3	放片
4			4	运行
5			5	取料
6			6	出料
7		2涂胶机	1	漫游到设备
8			2	上料
9			3	开机
10			4	放片
11			5	点胶
12			6	淌胶
13			7	取晶圆座
14			8	出料
15		3前烘炉	1	漫游到设备
16			2	上料
17			3	运行
18			4	出料
19		4光学曝光机	1	漫游到设备
20			2	上料
21			3	开机
22			4	放片
23			5	对准
24			6	曝光
25			7	取晶圆座
26			8	出料
27		5显影机	1	漫游到设备
28			2	上料
29			3	运行
30			4	出料
31		6后烘炉	1	漫游到设备
32			2	上料
33			3	出料

图 3-207　规则库流程

3.6　液晶显示器彩膜工艺

液晶显示器彩膜工艺的实践操作可分为工程设计和工艺操作两个部分，其中工程设计包括：【工程 4：彩膜工艺流程设计】、【工程 5：彩膜工艺参数设计】；工艺操作包括：【工程 6：彩膜 VR 车间生产操作】。

3.6.1 工程 4：彩膜工艺流程设计

如图 3-208 所示，用户点击【工程 4：彩膜工艺流程设计】可进入彩膜工艺流程设计界面。用户需在工艺流程设计列表的功能区和工序两列中下拉选择每个工艺流程，如设计错误将会显示红色字体，设计正确将会显示蓝色字体，设计正确后点击序号可观看工艺视频验证。点击【实验数据】可查看所选择的工艺流程是否正确，如图 3-209 所示。

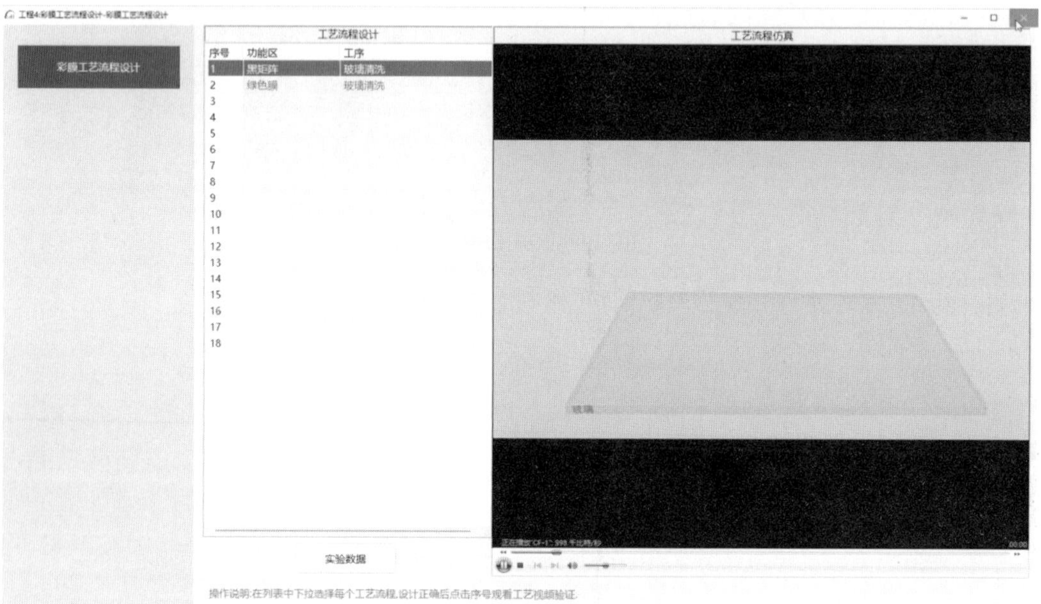

图 3-208　彩膜工艺流程设计界面

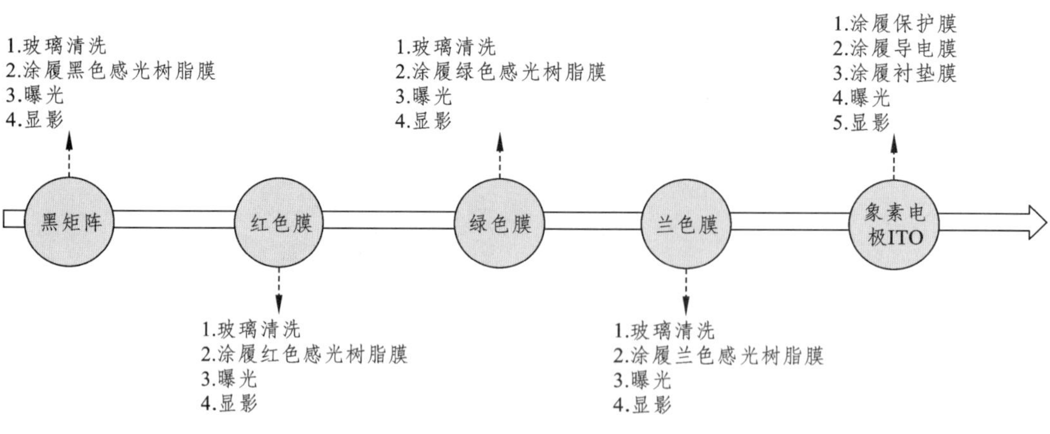

图 3-209　彩膜工艺流程图

备注：正确的工艺参数设计可在规则库中查看，如图 3-210 所示。

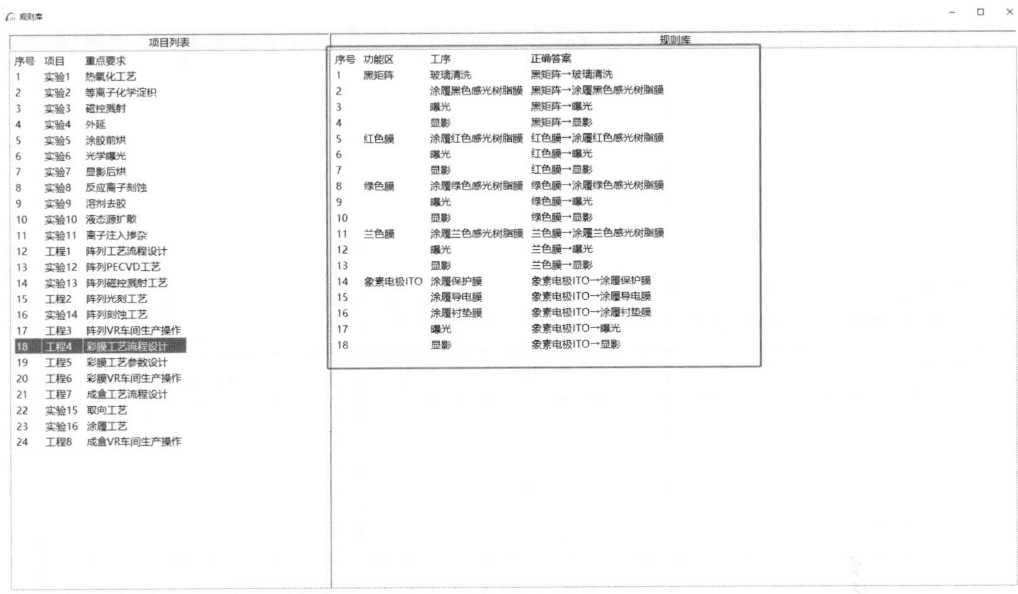

图 3-210　规则库答案

3.6.2　工程 5：彩膜工艺参数设计

用户点击【工程 5：彩膜工艺参数设计】可进入彩膜工艺参数设计主界面，该界面设有【彩膜功能区图】和【彩膜工艺参数设计】两个按钮，如图 3-211 所示。

图 3-211　彩膜工艺参数设计主界面

1. 彩膜功能区图

用户点击【彩膜功能区图】按钮，可查看彩膜的功能区图。用户需要根据界面右侧图形，在功能区中进行对应的功能选择，点击【实验数据】可查看所选择的功能参数正确与否，如图 3-212 所示。

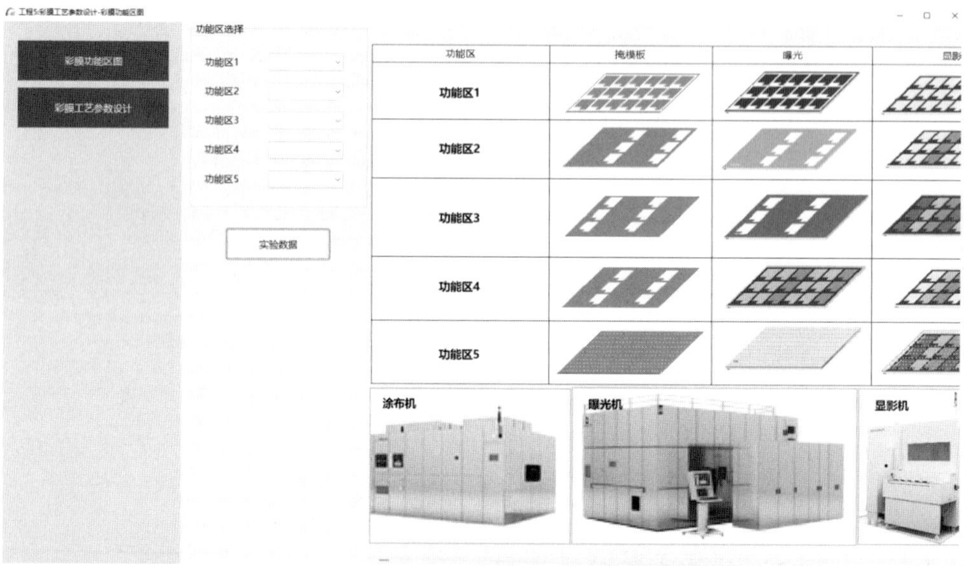

图 3-212　彩膜功能区图界面

2. 彩膜工艺参数设计

用户点击【彩膜工艺参数设计】按钮，可进入彩膜工艺参数设计界面。该工艺参数设计共分为四个部分，分别为【黑矩阵】、【彩膜】、【导电膜】以及【柱状衬垫物】。用户需要在每个工艺流程中选择正确的参数，点击【实验数据】可查看所选择的工艺参数正确与否，如图 3-213 所示。

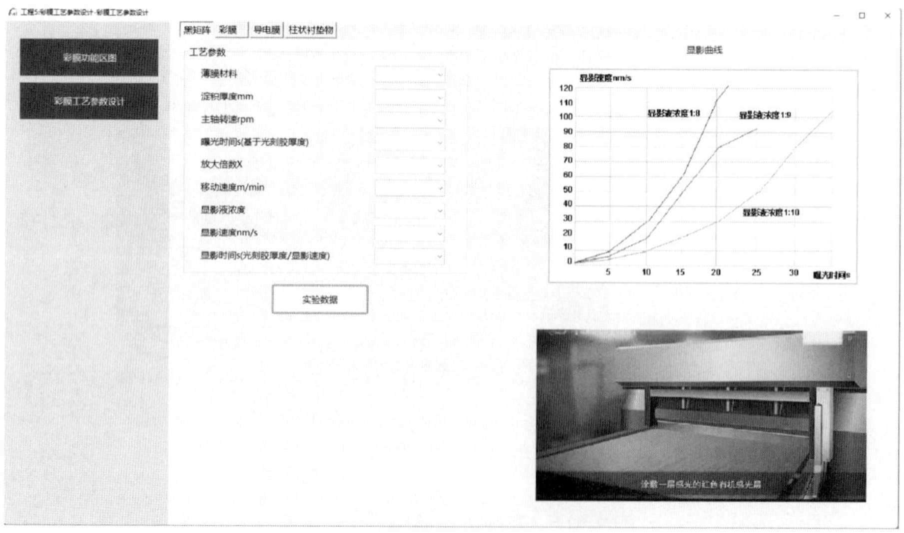

图 3-213　彩膜工艺参数设计界面

备注：正确的工艺参数设计可在规则库中查看，如图 3-214 所示。

图 3-214　规则库答案

3.6.3　工程 6：彩膜 VR 车间生产操作

用户点击【工程 6：彩膜 VR 车间生产操作】可进入 VR 虚仿软件，如图 3-215 所示。

图 3-215　彩膜车间 VR 虚仿软件主界面

在主菜单栏选择【进入场景】即可进入彩膜工艺 VR 车间。车间界面左上角【主菜单】按钮可返回 VR 虚仿软件主界面；界面右侧有操作记录侧边栏，详细记录了彩膜工艺的每个流程以及每个流程该做的操作步骤；【说明】按钮可查看操作说明；【重做】按钮可重置流程；在操作中，每进行一步，右侧的操作记录将会标记“√”表示完成该步骤，如图 3-216 所示。

图 3-216　彩膜工艺主界面

操作流程：进入生产车间后，用户需根据右侧操作记录的设备顺序进行实验操作。在每一个设备的生产操作完成后，物料将会有所变化，可以在进料窗口进行查看，如图 3-217 所示。

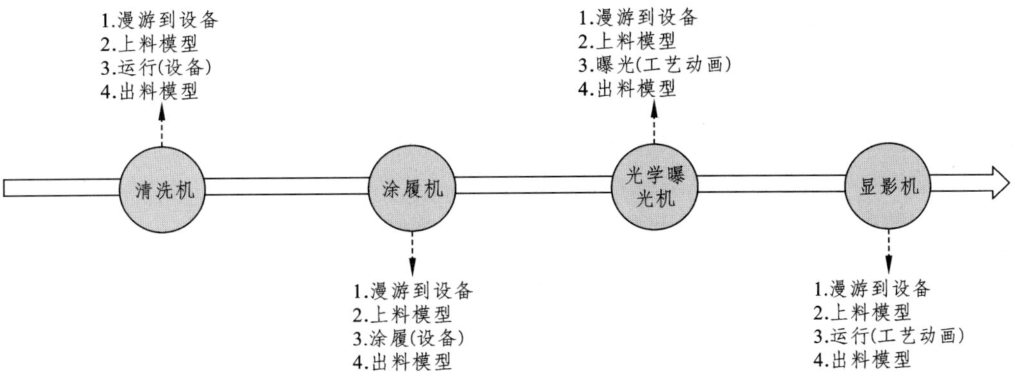

图 3-217 彩膜工艺流程图

备注：彩膜工艺的正确流程操作详见规则库，如图 3-218 所示。

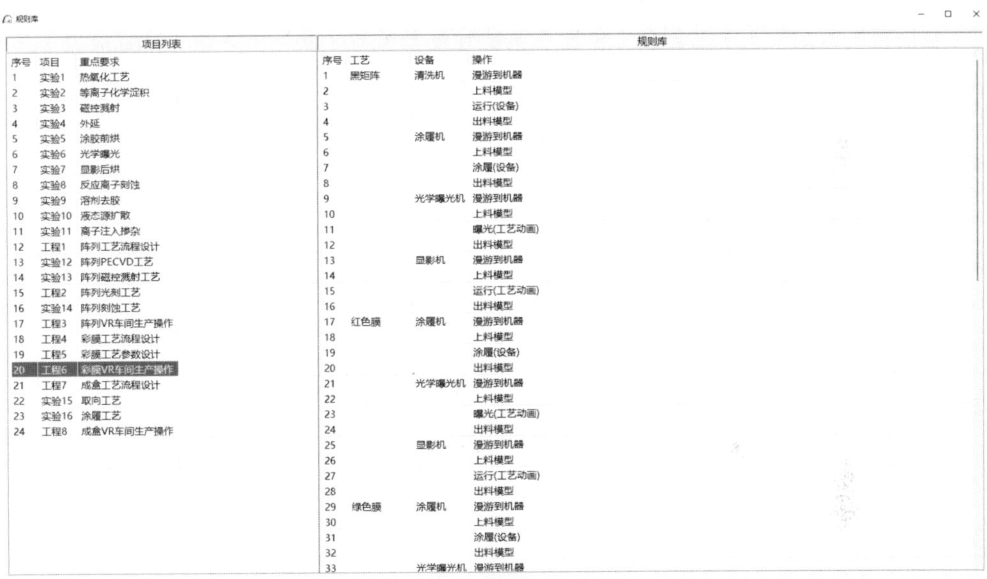
规则库

项目列表

序号	项目	重点要求
1	实验1	热氧化工艺
2	实验2	等离子化学淀积
3	实验3	磁控溅射
4	实验4	外延
5	实验5	涂胶前烘
6	实验6	光学曝光
7	实验7	显影后烘
8	实验8	反应离子刻蚀
9	实验9	溶剂去胶
10	实验10	液态源扩散
11	实验11	离子注入掺杂
12	工程1	阵列工艺流程设计
13	实验12	阵列PECVD工艺
14	实验13	阵列磁控溅射工艺
15	工程2	阵列光刻工艺
16	实验14	阵列刻蚀工艺
17	工程3	阵列VR车间生产操作
18	工程4	彩膜工艺流程设计
19	工程5	彩膜工艺参数设计
20	工程6	彩膜VR车间生产操作
21	工程7	成盒工艺流程设计
22	实验15	取向工艺
23	实验16	涂履工艺
24	工程8	成盒VR车间生产操作

规则库

序号	工艺	设备	操作
1	黑矩阵	清洗机	漫游到机器
2			上料模型
3			运行(设备)
4			出料模型
5		涂履机	漫游到机器
6			上料模型
7			涂履(设备)
8			出料模型
9		光学曝光机	漫游到机器
10			上料模型
11			曝光(工艺动画)
12			出料模型
13		显影机	漫游到机器
14			上料模型
15			运行(工艺动画)
16			出料模型
17	红色膜	涂履机	漫游到机器
18			上料模型
19			涂履(设备)
20			出料模型
21		光学曝光机	漫游到机器
22			上料模型
23			曝光(工艺动画)
24			出料模型
25		显影机	漫游到机器
26			上料模型
27			运行(工艺动画)
28			出料模型
29	绿色膜	涂履机	漫游到机器
30			上料模型
31			涂履(设备)
32			出料模型
33		光学曝光机	漫游到机器

图 3-218 规则库流程图

3.7 液晶显示器 Cell 成盒工艺

通过 Cell 成盒 Model 模组工艺虚拟仿真，可进行全面的培训学习，包括成盒工艺和模组工艺两个实践领域。通过这一部分的实践操作，可以深入了解和掌握成盒工艺的关键技术和复杂的工艺流程。

具体实训目的如下：

1. 理论与实践结合

通过虚拟仿真实训，能够将理论知识与实际操作相结合，深化对成盒工艺和模组工艺的理解，能够直观地模拟和体验工艺流程，提高对工艺细节和关键环节的把控能力。

2. 技术掌握与应用

通过实践操作，将掌握成盒工艺的关键技术，包括芯片组装、组合测试、模组结构设计、材料选择等方面。能够应用所学知识解决实际问题，提高工作效率和质量。

3. 综合能力培养

通过丰富的实践操作和综合技能培训，可以培养实践操作能力、问题解决能力以及团队协作能力。

4. 职业发展准备

本次实训将为未来的职业发展打下坚实的基础。通过深入学习和掌握成盒工艺的关键技术，能够具备在相关领域从事工作所需的专业知识和技能，将为职业发展奠定扎实的基础，并增加就业竞争力。

用户登录学生端口后，点击【Cell 成盒 Model 模组工艺】按钮，可进入 Cell 成盒 Model 模组工艺项目主界面。点击对应按钮可进入该模块的详细学习界面，如图 3-219 所示。

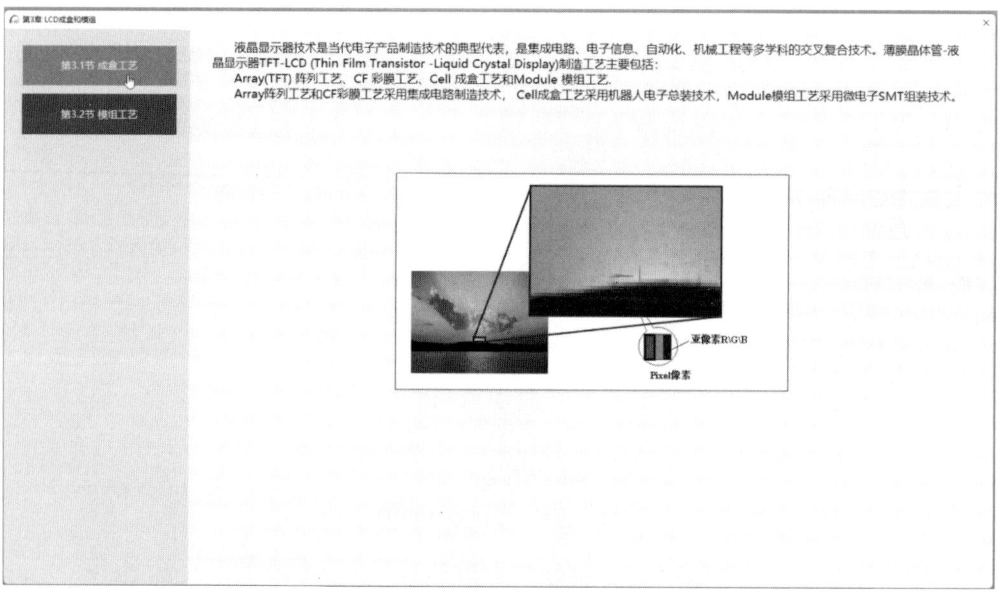

图 3-219　Cell 成盒 Model 模组工艺主界面

成盒工艺的实践操作可分为工程设计和工艺操作两个部分，其中工程设计包括：【工程 7：成盒工艺流程设计】；其工艺操作包括：【实验 15：取向工艺】、【实验 16：涂履工艺】和【工程 8：成盒 VR 车间生产操作】。

3.7.1　工程 7：成盒工艺流程设计

用户点击【工程 7：成盒工艺流程设计】可进入成盒工艺流程设计界面。用户需在工艺流程设计列表的工艺和工序两列中下拉选择每个工艺流程，如设计错误将会显示红色字体，设计正确将会显示蓝色字体，设计正确后点击序号可观看工艺视频验证。点击【实验数据】可查看所选择的工艺流程是否正确，如图 3-220 所示。

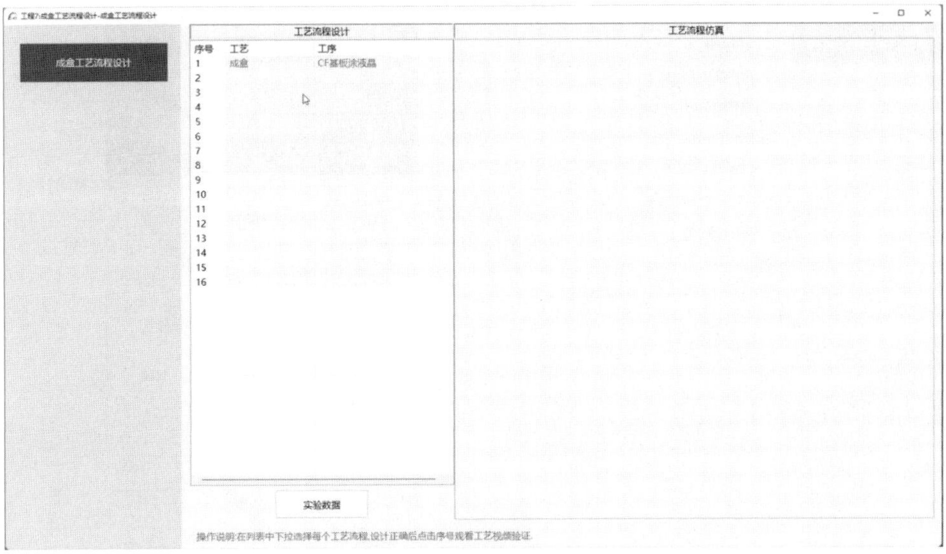

图 3-220　成盒工艺流程设计界面

备注：正确的工艺参数设计可在规则库中查看，如图 3-221 所示。

图 3-221　规则库答案截图

3.7.2　实验 15：取向工艺

用户点击【实验 15：取向工艺】按钮，可进入取向工艺参数设计界面。用户需要对凹凸印刷参数进行选择设置，点击【实验数据】可查看所选择的工艺参数正确与否，如图 3-222 所示。

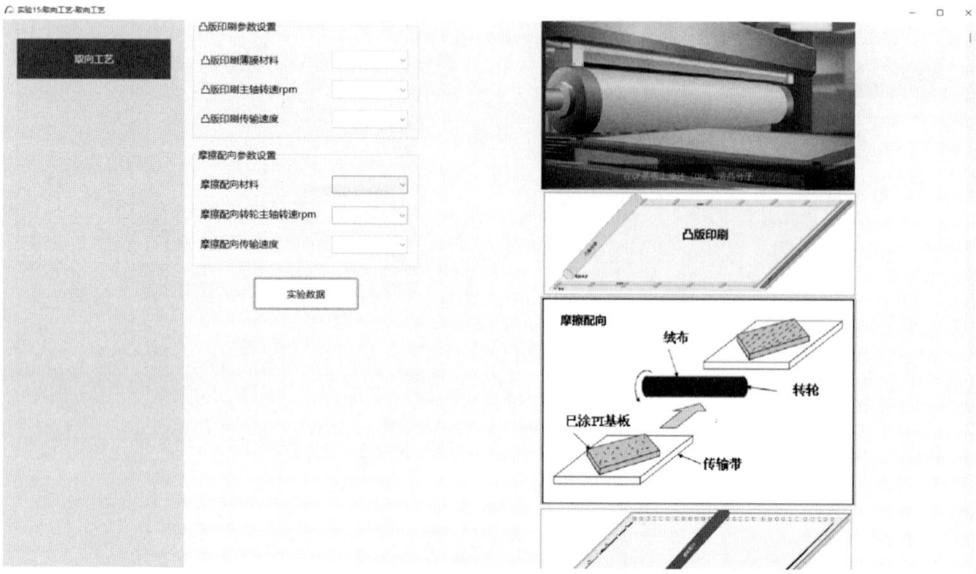

图 3-222　取向工艺界面

备注：正确的工艺参数设计可在规则库中查看，如图 3-223 所示。

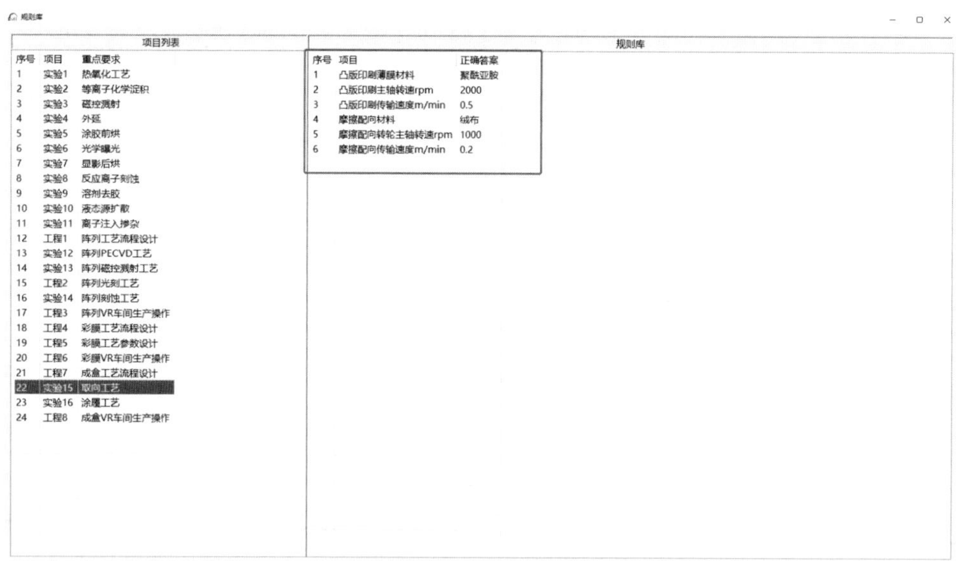

图 3-223　规则库答案截图

3.7.3　实验 16：涂履工艺

用户点击【实验 16：涂履工艺】按钮，可进入涂履工艺参数设计界面。用户需要对 TFT 基板涂履边框、CF 基料涂履边框以及 TFT/CF 基板涂履银点参数进行选择设置，点击【实验数据】可查看所选择的工艺参数正确与否，如图 3-224 所示。

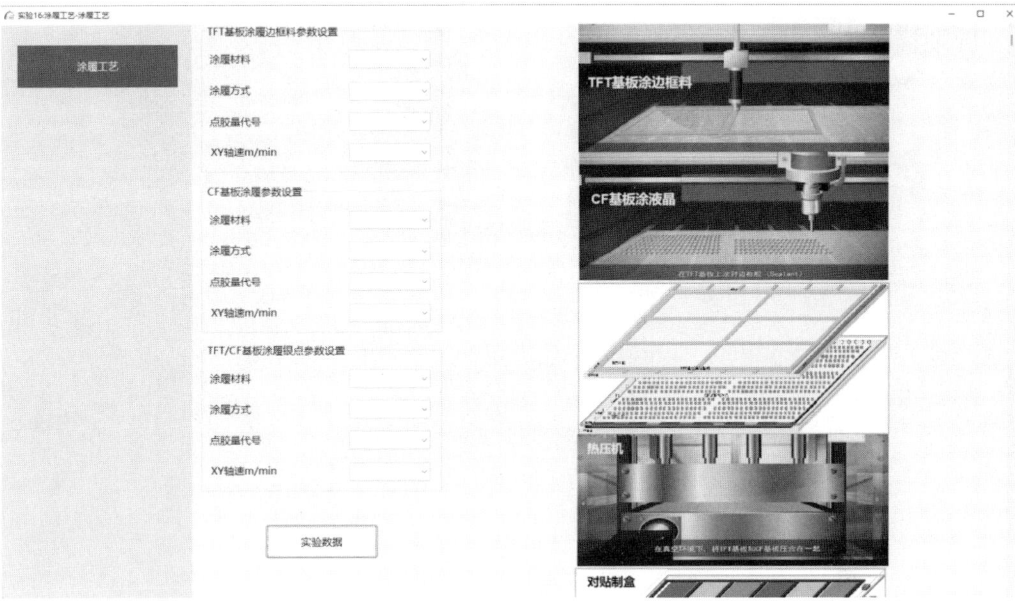

图 3-224　涂履工艺界面

备注：正确的工艺参数设计可在规则库中查看，如图 3-225 所示。

图 3-225　规则库答案截图

3.7.4　工程 8：成盒 VR 车间生产操作

用户点击【工程 8：成盒 VR 车间生产操作】可进入 VR 虚仿软件，如图 3-226 所示。

图 3-226　成盒车间 VR 虚仿软件主界面

在模式菜单栏选择【成盒 VR 工厂】即可进入成盒工艺 VR 车间，用户在开始实验操作前需要仔细阅读操作说明。

在车间界面下方点击【操作说明】按钮可关闭操作说明，如图 3-227 所示。

图 3-227　操作说明界面

点击【操作记录】按钮可打开操作流程表，表中详细记录了成盒工艺的每个流程以及每个流程该做的操作步骤，如图 3-228 所示。

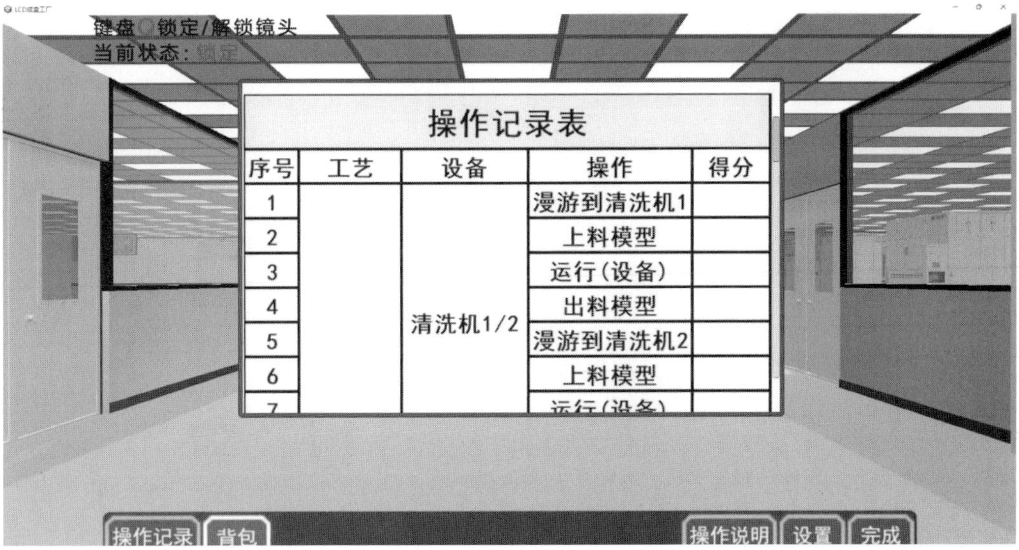

图 3-228　操作记录界面

点击【设置】按钮可打开设置界面，对人物和效果进行设置。【人物设置】可对人物的移动速度、视野范围以及镜头转动进行修改设置；【效果设置】可对灯光亮度以及镜头转动进行修改设置，如图 3-229 所示。

图 3-229　设置界面

操作流程：

第一步：用户需使用【Q】键解锁镜头，随后使用 W、A、S、D 键移动人物，根据地面箭头进入车间并前往设备解锁点前进行实验操作，如图 3-230 所示。

图 3-230　车间激活点

第二步：到达激活点开始操作流程后，可解锁【背包】按钮，点击可打开或折叠背包。用户需要根据当前设备要求选择机器和物料，随后点击【上料】按钮进行操作，如图 3-231 所示。

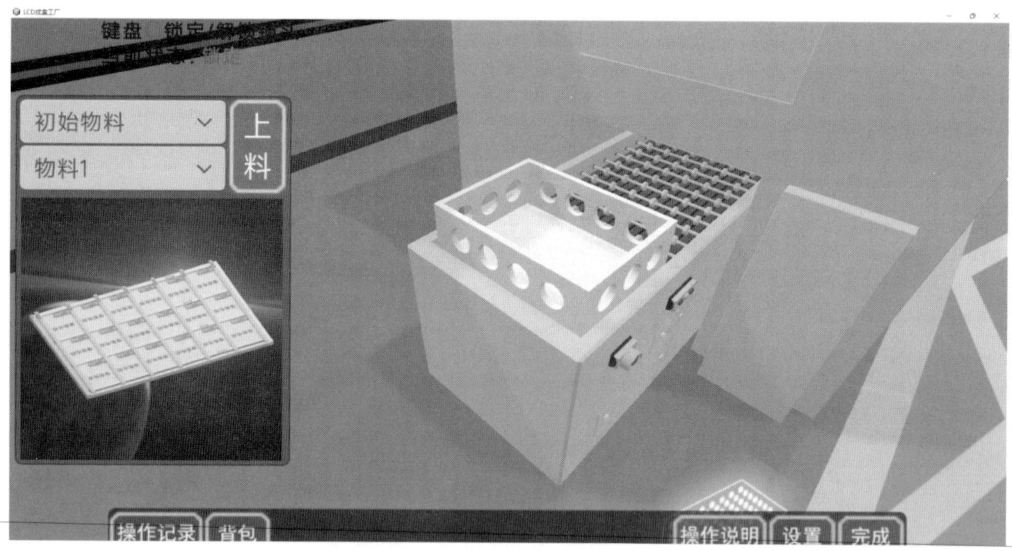

图 3-231　背包界面

第三步：根据操作高亮提示运行设备，设备运行完成后根据箭头指引前往取料口取料，取料完成后即可根据箭头指引前往下一个激活点进行下一步操作。

备注：

（1）在每一个设备的生产操作完成后，物料将会有所变化，可以在背包窗口进行查看。

（2）在所有实验操作完成后需要点击界面下方的【完成】按钮记录实验数据，如果没有点击【完成】则实验数据为空，如图 3-232 所示。

图 3-232　实验数据提交界面

（3）彩膜工艺的正确流程操作详见规则库，如图 3-233 所示。

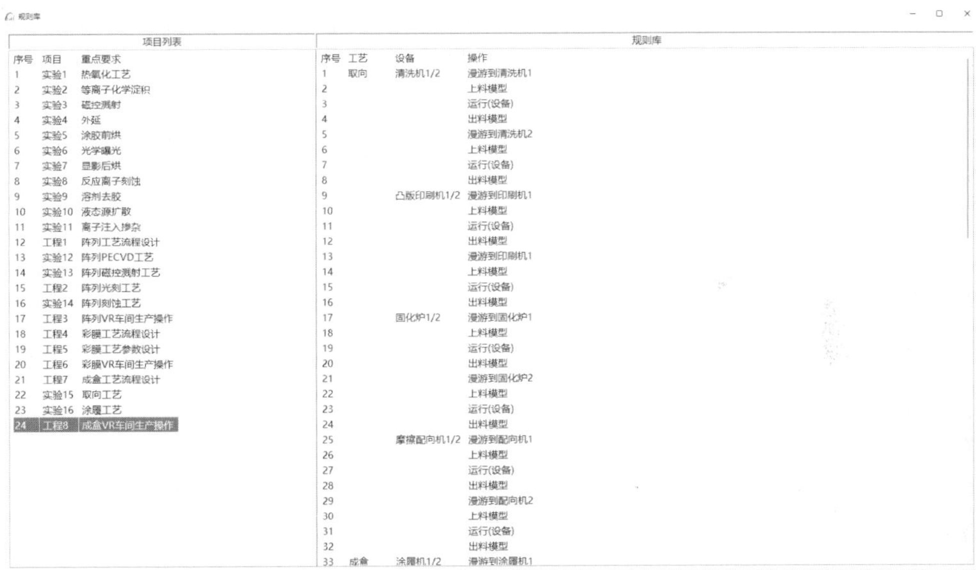

序号	项目	重点要求
1	实验1	热氧化工艺
2	实验2	等离子化学淀积
3	实验3	磁控溅射
4	实验4	外延
5	实验5	涂胶前烘
6	实验6	光学曝光
7	实验7	显影后烘
8	实验8	反应离子刻蚀
9	实验9	溶剂去胶
10	实验10	液态源扩散
11	实验11	离子注入掺杂
12	工程1	阵列工艺流程设计
13	实验12	阵列PECVD工艺
14	实验13	阵列磁控溅射工艺
15	工程2	阵列光刻工艺
16	实验14	阵列刻蚀工艺
17	工程3	阵列VR车间生产操作
18	工程4	彩膜工艺流程设计
19	工程5	彩膜工艺参数设计
20	工程6	彩膜VR车间生产操作
21	工程7	成盒工艺流程设计
22	实验15	取向工艺
23	实验16	涂覆工艺
24	工程8	成盒VR车间生产操作

序号	工艺	设备	操作
1	取向	清洗机1/2	漫游到清洗机1
2			上料模型
3			运行(设备)
4			出料模型
5			漫游到清洗机2
6			上料模型
7			运行(设备)
8			出料模型
9		凸版印刷机1/2	漫游到印刷机1
10			上料模型
11			运行(设备)
12			出料模型
13			漫游到印刷机1
14			上料模型
15			运行(设备)
16			出料模型
17		固化炉1/2	漫游到固化炉1
18			上料模型
19			运行(设备)
20			出料模型
21			漫游到固化炉2
22			上料模型
23			运行(设备)
24			出料模型
25		摩擦配向机1/2	漫游到配向机1
26			上料模型
27			运行(设备)
28			出料模型
29			漫游到配向机2
30			上料模型
31			运行(设备)
32			出料模型
33	成盒	涂覆机1/2	漫游到涂覆机1

图 3-233　规则库流程截图

3.8　常见故障处理

3.8.1　加密狗故障处理

用户点击光电技术虚仿实训系统软件，显示“未找到 Sentinel 锁”，错误编码 H0007，如图 3-234 所示。

图 3-234　故障代码图

解决方法：

第一步：检查是否安装加密狗驱动。

确保教师机和学生机已经安装了加密狗驱动。

若未安装驱动，请关闭软件，安装驱动，安装完成后重启软件即可修复故障；若已安装驱动仍有此类问题，请继续第二步。

第二步：检查是否插入加密狗 U 盘。

确保加密狗 U 盘正确插入教师机的 U 盘接口。

若未插入加密狗 U 盘，请将加密狗 U 盘插在教师机上，重新启动软件即可修复故障；若已经插好了加密狗仍有此类问题，请继续第三步。

第三步：检查学生机与教师机是否在同一网段。

确保学生机和教师机在同一网段下（不使用 Wi-Fi）。

若学生机与教师机不在同一网段下，则需将学生机与教师机连入同一局域网且保证所有电脑 IP 前三位一致即可修复该故障。

3.8.2　数据库故障处理

用户点击光电技术虚仿实训系统软件，显示“连接数据库失败，请检查网络！错误信息：未指定的错误”，如图 3-235 所示。

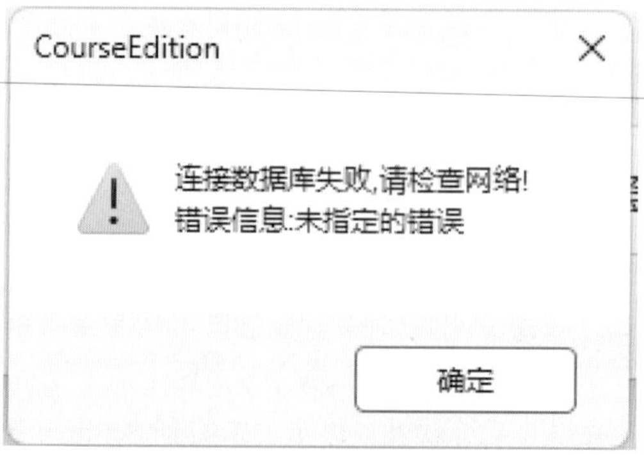

图 3-235　连接故障图

解决方法：

第一步：检查教师机是否安装数据库。

确保教师机已经安装了数据库。

若教师机未安装数据库，请关闭软件，联系软件工程师安装数据库后，重启软件即可修复故障；若已安装数据库仍有此类问题，请继续第二步。

第二步：检查教师机是否开启防火墙。

确保教师机的防火墙是关闭状态。

若教师机的防火墙是开启状态，则需要关闭防火墙，重启软件后即可修复故障；若防火墙是关闭状态仍有此类问题，请继续第三步。

第三步：检查学生机与教师机是否在同一网段。

确保学生机和教师机在同一网段下（不使用 Wi-Fi）。

若学生机与教师机不在同一网段下，则需将学生机与教师机连入同一局域网且保证所有电脑 IP 前三位一致即可修复该故障；若学生机与教师机已经在同一网段下仍有此类问题，请继续第四步。

第四步：重新设置学生机 IP 地址。

确保学生机软件 IP 设置中的地址与教师机的以太网 IP 地址一致。

若学生机软件 IP 设置中的地址与教师机的以太网 IP 地址不一致，则需点击【IP 设置】按钮，如图 3-236 所示。重新设置软件内的 IP 地址，设置的 IP 地址与教师机的以太网 IP 地址一致，如图 3-237 所示，设置完成后即可修复故障。

图 3-236　学生端 IP 设置

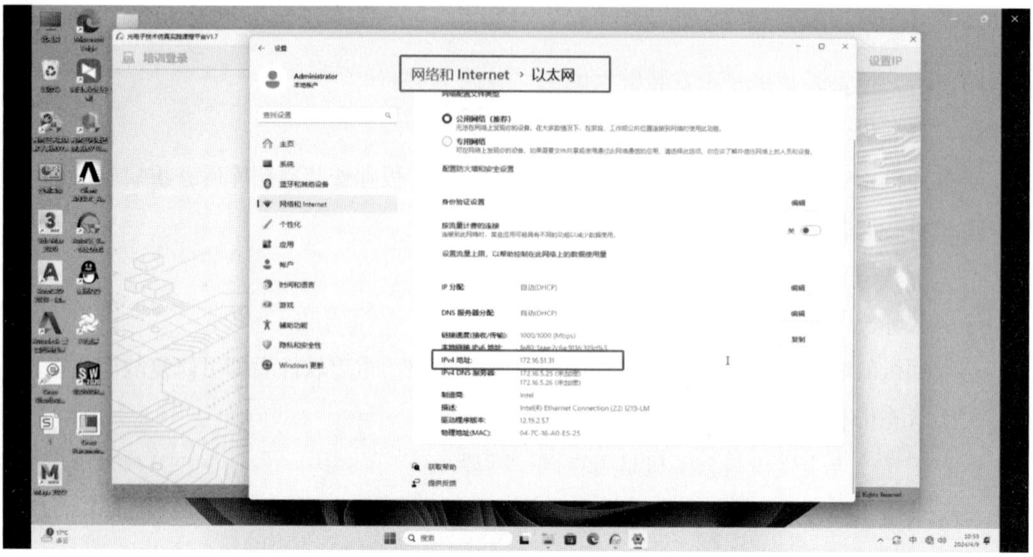

图 3-237　教师端以太网 IP 地址

参考文献

[1] 应根裕，王健. 光电显示原理及系统[M]. 北京：清华大学出版社，2015.

[2] 文尚胜. 光电显示技术及应用[M]. 北京：机械工业出版社，2019.

[3] 钟建. 液晶显示器件技术[M]. 北京：国防工业出版社，2014.

[4] 马群刚. TFT-LCD 原理与设计[M]. 2 版. 北京：电子工业出版社，2020.

[5] 李文峰，李淑颖，袁海润. 现代显示技术及设备[M]. 北京：清华大学出版社，2016.

[6] 孙士祥，王永，陈羽. 液晶显示技术[M]. 北京：化学工业出版社，2013.

[7] 欧阳钟灿. 中国新型显示技术发展之路[J]. 科技导报，2023，41（19）：92-95.

[8] 吴怡然，孙勉，曹可慰，等. 液晶显示材料标准化发展建议[J]. 液晶与显示，2023，38（02）：181-187.

[9] 蒋雷，黄学勇，刘良军，等. TFT-LCD 四次光刻工艺中的光刻胶剩余量[J]. 液晶与显示，2021，36（02）：258-264.

[10] 姚日晖，文尚胜，吴为敬，等. 光电材料与器件国家级虚拟仿真实验教学中心建设与实践[J]. 实验技术与管理，2017，34（03）：1-3+12.

[11] 郭玉强，孙玉宝. 改善大视角下 LCD 灰阶图像质量的研究进展[J]. 液晶与显示，2020，35（07）：710-724.

[12] 钟德镇，刘瑞，姜丽梅. 微结构用于视角可控的液晶显示技术[J]. 液晶与显示，2021，36（05）：687-693.